大学物理实验指导

主　编：万　巍

副主编：任光明

东南大学出版社

·南京·

图书在版编目(CIP)数据

大学物理实验指导 / 万巍主编. —南京：东南大
学出版社，2016.9
　ISBN 978-7-5641-6673-1

　Ⅰ. ①大… Ⅱ. ①万… Ⅲ. ①物理学—实验—高等学
校—教学参考资料 Ⅳ. ①O4-33

　中国版本图书馆 CIP 数据核字(2016)第 197474 号

大学物理实验指导

出 版 发 行：东南大学出版社

社　　　　址：南京市四牌楼 2 号　邮编：210096

出 版 人：江建中

网　　　　址：http://www.seupress.com

经　　　　销：全国各地新华书店

印　　　　刷：南京玉河印刷厂

开　　　　本：787mm×1092mm　1/16

印　　　　张：5.75

字　　　　数：128 千字

版　　　　次：2016 年 9 月第 1 版

印　　　　次：2016 年 9 月第 1 次印刷

印　　　　数：1—2000 册

书　　　　号：ISBN 978-7-5641-6673-1

定　　　　价：18.00 元

本社图书若有印装质量问题，请直接与营销中心联系。电话：025－83791830

前言 Forword →

　　大学物理实验是"大学物理"教学中的一个重要环节，也是理工科大学生进校后的第一门基础实验课。其教学目的是通过系统的实验技能训练，使学生掌握进行科学实验的基本知识、方法和技巧，更重要的是培养学生敏锐的观察力和严谨的思维能力，提高学生理论联系实际、分析问题和解决问题的能力，增强学生的动手能力、创新能力和实践能力。

　　目前，大学物理实验课程的教学一直以传统教学方法为主，即教师占据教学的主导地位。教师讲，然后学生照做，学生对教师的依赖性很强，缺乏自主学习能力。为了增强学生的自学能力和实践创新能力，本书根据大学生对物理实验课程教学的接受情况，以"引导文教学法"为导向，编写了基于"引导文工作页"的大学物理实验教程。

　　引导文教学法是借助一种专门教学文件(引导文工作页)，通过工作计划和自行控制工作过程等手段，引导学生独立学习和工作的项目教学方法。引导文工作页一般通过设计系统化的引导问题和提示，指导学生循序渐进地一步步完成学习任务。学生通过阅读引导文，可以明确学习目标，清楚地了解应该完成什么工作、学会什么知识、掌握什么技能。在引导文的指引下，学生必须积极主动地查阅资料，解答引导问题，制订工作计划，最终，通过小组合作的方式来完成学习任务。

　　本书共包括十个学习情境的实验内容，主要是 T 型气垫导轨的认知与应用、示波器的认知与使用、单摆与三线摆周期的测定与应用、金属线膨胀系数测量实验、电学综合性实验、声速测量综合性实验、利用霍尔效应测定磁场的磁感应强度、光学仪器综合使用、夫兰克-赫兹实验、光电效应普朗克常数的测定。学生可以根据引导文工作页，自行组队讨论与安排工作计划，完成各自的实验任务，最后进行相互评价。

　　本书由万巍主编，任光明副主编，王烁绚参与编写。在编写过程中得到了广东技术师范学院电子与信息学院徐小平院长的支持和鼓励，谨此致谢。

　　由于作者水平有限，书中难免有缺点和不足，恳请指正。希望使用教材的教师、学生和广大读者积极提出批评和建议，以不断提高教材的质量，更好地为大家服务。

编者

2016 年 6 月

目 录 Contents

学习情境一:T型气垫导轨的认知与应用

1.1 学习情境

教师讲解 T 型气垫导轨的基本组成和使用方法,解释 MUJ-4B 电脑计时器的计时方法,下达实验任务:利用气垫导轨和电脑计时器来测定变速直线运动的平均速度和瞬时速度,验证牛顿第二定律,验证动量守恒定律,并探究 T 型气垫导轨的其他应用。

1.2 所需课时

6 学时。

1.3 学习目标

1. 了解并掌握气垫导轨、MUJ-4B 电脑计时器的基本知识和使用方法;
2. 了解使用气垫导轨、MUJ-4B 电脑计时器的注意事项;
3. 理解测量平均速度与瞬时速度的原理;
4. 掌握在气垫导轨上测量物体平均速度和瞬时速度的方法;
5. 理解牛顿第二定律的物理意义和实验原理,并能够用气垫导轨验证牛顿第二定律;
6. 掌握弹性碰撞和完全非弹性碰撞的特征和碰撞的结果;
7. 能够利用气垫导轨验证动量守恒定律;
8. 能够正确计算、分析实验所得数据;
9. 设计合理的实验方法,并自行计划、实施和监控。

1.4 实验器材

气垫导轨套装、滑行器、MUJ-4B 电脑计时器、挡光条、挡光片、砝码盘和砝码、配重块、天平秤、游标卡尺。

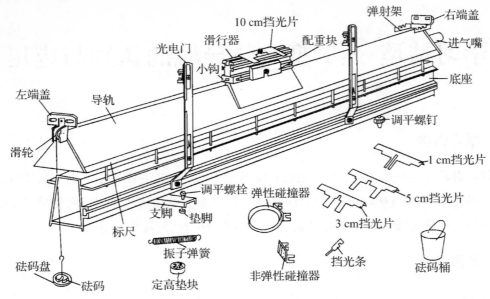

图 1-1　T 型气垫导轨的基本结构示意图

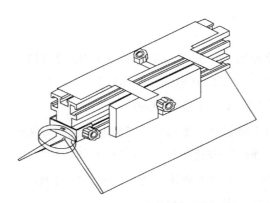

图 1-2　滑行器上安装附件示意图

1.5　引导文工作页

（一）布置任务

每 2－3 个学生为一个小组。学生以小组为单位,利用气垫导轨设备、MUJ-4B 电脑计时器以及其他辅助设备,结合所学的理论知识,设计合理的实验方案,完成以下三个子任务:变速直线运动的平均速度和瞬时速度的测定,验证牛顿第二定律,验证动量守恒定律。

（二）理论知识准备

一个做直线运动的物体,在 Δt 时间内经过的位移为 Δs,则该物体在 Δt 时间内的平均速度为

$$\overline{v} = \frac{\Delta s}{\Delta t}$$

为了精确地描述物体在某点的瞬时速度,应该把 Δt 取得越小越好。Δt 越小,所计算出的平均速度越接近瞬时速度。当 $\Delta t \to 0$ 时,平均速度趋近于一个极限,即

$$\overline{v} = \lim_{\Delta t \to 0} \frac{\Delta s}{\Delta t} = \lim_{\Delta t \to 0} \overline{v}$$

当滑行器在气垫导轨上做匀加速直线运动时,设滑行器经过光电门 G_1,G_2 两点的瞬时速度为 V_1,V_2,其中 $V_1 = \Delta S/t_1$, $V_2 = \Delta S/t_2$(ΔS 为挡光条的计时宽度),两光电门的中心距离为 S,则滑行器运动的加速度 a 可按下式计算:

$$a = (V_2^2 - V_1^2)/2S$$

设两滑行器的质量分别为 m_A 和 m_B,相碰前的速度为 V_A 和 V_B,相碰后的速度为 V_A' 和 V_B',则根据动量守恒定律有:

$$m_A V_A + m_B V_B = m_A V_A' + m_B V_B'$$

（三）仪器设备的认知与使用

1. 气垫导轨是一种什么装置,一般可应用在哪些实验和行业?

2. 图 1-3 是 T 型气垫导轨实物图,说说气垫导轨全套仪器的主要组成部分。

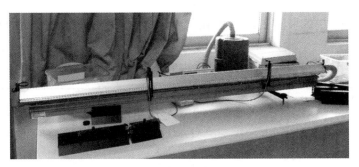

图 1-3　T 型气垫导轨实物图

3. 观察气垫导轨的结构,简述其工作原理。

4. 检查气垫导轨是否水平有几种调节方法?

5. 结合图 1-4,说说如何使用 MUJ-4B 电脑计时器。

6. 气垫导轨和电脑计时器相连后,可以测量哪些物理量? 简述其工作原理。

图 1-4　MUJ-4B 电脑计时器

（四）子任务一：变速直线运动的平均速度和瞬时速度的测定

1. 测量变速直线运动的平均速度和瞬时速度需要用到以上哪些实验仪器？

2. 根据平均速度的公式，实验过程中需要测量哪几个物理量？

3. 电脑计时器的 S_1，S_2 通道的计时方法有何不同？S_1 通道如何计时？S_2 通道如何计时？

4. 请测试 MUJ-4B 电脑计时器每次能自动保存多少个数据？如何查看数据？按哪个功能键可以清零重新开始？

5. 如何使滑行器在气垫导轨上做变速运动？

6. 请设计两种方案来测量滑行器在气垫导轨上做变速直线运动的平均速度和瞬时速度。

表 1-1

次数 \ L(cm) t(ms)	40	30	20	10	2
1					
2					
3					
$\bar{t}$(ms)					
$\bar{v}$(m/s)					

注：L 是指气垫导轨上两个光电门之间的距离

根据表 1-1 提示，你想到的第一种测量方案是什么？滑行器上应该装什么规格的挡光条（挡光片）？电脑计时器的测量通道应该选择 S_1 还是 S_2？完成上述问题后可以根据小组确定的实验方案，利用表 1-1 记录实验数据。

表 1-2

次数 \ L(cm) / t(ms)	10	5	3	1
1				
2				
3				
$\bar{t}$(ms)				
$\bar{v}$(m/s)				

注：L 是指不同规格的挡光片的宽度

根据表 1-2 提示，你想到的第二种测量方案是什么？这种方案只需要用几个光电门？电脑计时器的测量通道应该选择 S_1 还是 S_2？完成上述问题后可以根据小组确定的实验方案，利用表 1-2 记录实验数据。

7. 每次测量时，需不需要让滑行器从同一地点、无初速度滑下？为什么？

8. 测量时，如何减轻滑行器对导轨两端的撞击？

9. 测量过程中你还遇到了哪些问题？请记录下来，并给出自己小组解决的方法。

10. 是否还有其他方法可以用来测量变速直线运动的平均速度和瞬时速度？

（五）子任务二：验证牛顿第二定律

1. 牛顿第二定律关系式为 $F=ma$，根据图 1-5 的实验装置提示，请问如何验证牛顿第二定律？（提示：F 与 a 是什么关系？m 与 a 是什么关系？）

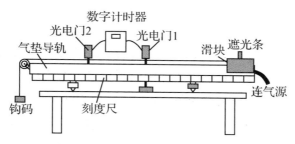

图 1-5　T型气垫导轨结构示意图

2. 牛顿第二定律的验证实验中需要控制哪些变量？

3. 根据气垫导轨提供的元器件，通过什么来改变力 F 的大小？

4. 根据气垫导轨提供的元器件，通过什么来改变质量 m 的大小？

5. F，m，a 这三个量中的 a 不能直接测定，请问用什么公式来计算加速度 a？公式里需要测量哪些物理量？

6. 根据子任务一的提示，如何测量瞬时速度？

7. 根据气垫导轨所提供的元器件,请设计验证牛顿第二定律的实验方案。

(1) 挡光片(挡光条)的宽度 $\Delta s =$ _____ ;两光电门的中心距离 $s =$ _____ ;

$m_{滑块} =$ _____ ; $m_{盘} =$ _____ ; $m_{砝码} =$ _____ ; $m_{配重} =$ _____ ;

$M_{系} = m_{滑块} + nm_{砝码} + m_{盘} =$ _____ (g)(n 为砝码个数)

表 1-3

$$V_1 = \Delta s / \Delta t_1 \qquad\qquad V_2 = \Delta s / \Delta t_2$$

$F_合$	Δt_1/ms	Δt_2/ms	V_1/(cm·s^{-1})	V_2/(cm·s^{-1})	a/(cm·s^{-2})	a/(cm·s^{-2})
$m_盘 + 0 \cdot m_{砝码}$ = _____ (g)						
$m_盘 + 1 \cdot m_{砝码}$ = _____ (g)						
$m_盘 + 2 \cdot m_{砝码}$ = _____ (g)						
$m_盘 + 3 \cdot m_{砝码}$ = _____ (g)						
$m_盘 + 4 \cdot m_{砝码}$ = _____ (g)						

根据表 1-3 提示,你需要验证的是哪两个物理量之间的关系? 如何验证? 测量中需要测定瞬时速度,应选择哪种规格的挡光条(挡光片)? 电脑计时器对应选择 S_1 还是 S_2 通道?

完成上述问题后可以根据小组确定的实验方案,利用表 1-3 记录实验数据。

$F_合 = mg = (nm_{砝码} + m_盘)g =$ _____ (n 为盘中砝码个数)

表 1-4

$M_{系}(g)$	$\Delta t_1/ms$	$\Delta t_2/ms$	$\Delta V_1/(cm \cdot s^{-1})$	$\Delta V_1/(cm \cdot s^{-1})$	$a/(cm \cdot s^{-2})$	$a/(cm \cdot s^{-2})$

注：$M_{系}=m_{滑块}+nm_{砝码}+m_{盘}+m_{配重}$

根据上面的表格提示，你需要验证的是哪两个物理量之间的关系？如何验证？完成上述问题后可以根据小组确定的实验方案，利用表 1-4 记录实验数据。

8. 记录实验数据，并根据实验数据画出 a-F 图和 $\dfrac{1}{m}$-a 图，并解释两图的物理意义。

9. 安装实验仪器时，对滑轮的状态有什么要求？

10. 如何调节与判断导轨水平？

11. 在实验过程中，细线拴在砝码盘的一端穿过滑轮与端盖的小孔，将另一端连在滑行器侧面的小钩上，假如细线没有处在水平状态，这样对实验结果有什么影响？

12. 在这个实验中，有哪些影响实验精度的因素？需要采取什么措施加以改进？

（六）子任务三：验证动量守恒定律

1. 动量守恒定律的物理意义是什么？

2. 请写出完全弹性碰撞的物理特征和碰撞结果。（提示：两物体质量相等或者不等）

3. 请写出完全非弹性碰撞的物理特征和碰撞结果。

4. 参考图 1-6，完成该实验需要使用的气垫导轨元器件有哪些？

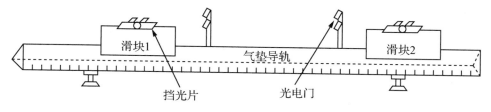

图 1-6　验证动量守恒定律示意图

5．怎样保证实验仪器在水平方向不受外力？

6．如何测出滑行器经过光电门的瞬时速度？

7．参照图 1-7 和图 1-8,分别讨论和验证在 $m_A = m_B$、$m_A \neq m_B$ 且 $V_A = 0$ 的情况下的弹性碰撞。

（1）$m_A = m_B$,且 $V_A = 0$

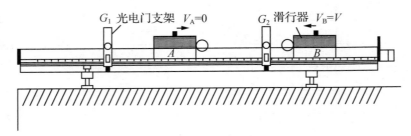

图 1-7　完全弹性碰撞试验装置简图

（2）$m_A \neq m_B$,且 $V_A = 0$

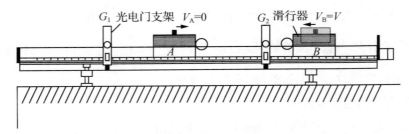

图 1-8　完全弹性碰撞试验装置简图

8．如何将导轨调成水平状态？

9．如何保证两滑行器实现完全弹性碰撞？

表 1-5　弹性碰撞数据表

$\Delta S =$ _____ cm　$m_A = m_B =$ _____ g　$m_A =$ _____ g　$m'_B =$ _____ g

	1	2	3	系统动量：		1	2	3	系统动量：
t_{A0}/s	—	—	—	碰撞前：	t_{A0}/s	—	—	—	碰撞前：
V_{A0}	0	0	0		V_{A0}	0	0	0	
t'_A/s					t'_A/s				
V'_A					V'_A				
t_{B0}/s				碰撞后：	t'_{B0}/s				碰撞后：
V_{B0}					V_{B0}				
t'_B/s					t'_B/s				
V'_B					V'_B				

分别讨论和验证在 $m_A = m_B$、$m_A \neq m_B$ 且 $V_A = 0$ 的情况下的完全非弹性碰撞。

10. 如何保证两滑行器实现完全非弹性碰撞？

11. 在碰撞过程中，滑行器的速度太大或者太小，会对实验造成影响吗？

表 1-6　完全非弹性碰撞数据表

$\Delta S =$ _____ cm　$m_A = m_B =$ _____ g　$m_A =$ _____ g　$m'_B =$ _____ g

	1	2	3	系统动量		1	2	3	系统动量
t_{A0}/s				碰撞前：	t_{A0}/s				碰撞前：
V_{A0}	0	0	0		V_{A0}	0	0	0	
t'_A/s					t'_A/s				
V'_A					V'_A				
t'_{B0}/s					t'_{B0}/s				
V_{B0}				碰撞后：	V_{B0}				碰撞后：
t'_B/s					t'_B/s				
V'_B					V'_B				

12. 若实验结果表明，两滑行器在碰撞前后总动量有差别，试分析其原因。

13. 为了避免实验发生事故损坏仪器设备，实验过程中应该注意哪些问题？

1.6　汇报

1. 通过小组讨论学习和搜查资料，共同完成任务后，填写工作页内容，并且公开任务成果，同时，其他组的同学也可提出问题，让设计者解释实验所用的相关技术及特点，然后各小组互相进行评价和评分。

2. 教师对评价和评分作出标准，最后收集评价表格，并相应作出点评和总结。

3. 教学反思（教学内容、教学目标、教学方式、教学效果）。

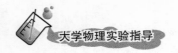

工作计划表

T 型气垫导轨的认知与应用					
一、基本信息					
学习小组		学生姓名		学生学号	
学习时间		指导教师		学习地点	
二、工作任务					
三、制定工作计划（包括人员分工、操作步骤、工具选用、完成时间等内容）					
四、注意事项					
五、工作过程记录					
六、任务小结					

任务评价表

班级		小组			
任务	目标	评价标准		配分	得分
T型气垫导轨的认知与应用	问题1	了解气垫导轨的应用方向，回答信息错漏一处，扣1分		3	
	问题2	熟悉气垫导轨的部件及水平调节，描述错漏一处，扣1分		3	
	问题3	熟悉变速直线运动的平均速度和瞬时速度的测定原理，描述信息错误，扣3分		3	
	问题4	考查是否会使用MUJ-4B电脑计时器，回答错漏，扣1分		3	
	问题5	考查熟悉MUJ-4B电脑计时器的操作，回答错漏，扣1分		3	
	问题6	能够使用电脑计时器观察数据，回答错漏一处，扣2分		3	
	问题7	考查光电门对实验的影响，回答信息错误，扣2分		3	
	问题8	考查解释$a-F$图线斜率的物理意义，描述信息错误，扣3分		3	
	问题9	考查验证动量守恒定律的实验原理，描述信息错漏，扣3分		3	
	问题10	考查完全弹性碰撞的概念，回答错漏一处，扣2分		5	
	问题11	考查完全非弹性碰撞的概念，回答错漏一处，扣2分		5	
	问题12	考查验证动量守恒定律的关系式，描述信息错误，扣5分		5	
	问题13	考查验证动量守恒定律的理想情况，回答错漏，扣5分		5	
	问题14	考查实验的操作过程，操作没有水平调节，操作不规范，不按顺序操作，错漏操作步骤，每处扣2分		20	
	问题15	考查整理实验数据的能力，记录数据错误一处，分析数据错误，记录数据不完整，每处扣2分		20	
	按时完成任务	按时完成老师的任务，不能在规定时间内完成，扣3分		5	
	方法、社会能力	能主动发现问题并解决问题；能与同学、教师进行有效交流；操作规范，实验态度严谨，表达能力强，有创新		5	
	工作参与性	小组分工明确，完成分配的任务；出勤率正常；乐于帮助他人；工作态度积极，服从工作安排		3	
总评					

评定人：

日期：

学习情境二：示波器的认知与使用

2.1 学习情境

教师向学生分发 SS-7802A 示波器说明书，SP1643B 型函数信号发生器说明书，对示波器面板进行简单讲解后，引导学生阅读使用说明书，并不断观察、调试示波器，学会正确使用示波器，并能够使用示波器调试出稳定信号，能够观察波形和测量信号的幅值、频率等数据，能够调试出李萨如图形，并适当的做学生自己感兴趣的实验。

2.2 所需课时

4 学时。

2.3 学习目标

1. 了解示波器的基本工作原理；
2. 正确认知示波器面板上的旋钮、按键功能；
3. 能够使用示波器调试出稳定的信号；
4. 能够观察信号波形并利用示波器测量信号频率和幅值；
5. 了解李萨如图形的概念和特点；
6. 观察描绘李萨如图形并测量示波器两通道的频率比；
7. 了解使用示波器的注意事项。

2.4 实验器材

SS-7802A 示波器、SP1643B 型函数信号发生器、同轴电缆及测试探头。

2.5 引导文工作页

（一）布置任务

全班分为每 3 个学生一个小组。老师对示波器面板作简单讲解，学生通过阅读老师提供的辅助资料，观察、调试示波器及信号发生器等设备，学会使用示波器面板，并且能够测量

信号的频率和幅值,观察描绘李萨如图形以及测量频率,完成老师布置的任务。

（二）理论知识准备

1. 示波器的结构

示波器的电路结构框图如图 2-1 所示,一般由阴极电子射线管(又称示波管)、衰减系统、放大器、扫描电路、触发电路、校正信号电路以及电源等几部分组成。

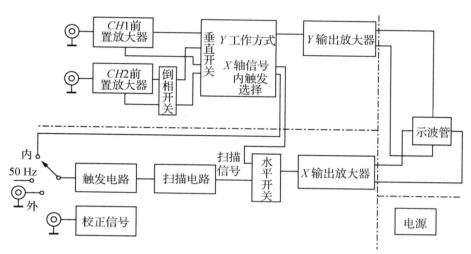

图 2-1　示波器的电路结构框图

2. 示波管的结构和原理

示波管是构成示波器的主要器件,外形像喇叭,由电子枪、偏转系统及荧光屏三部分构成,如图 2-2 所示。

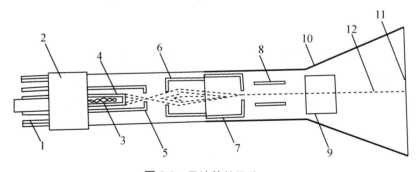

图 2-2　示波管的构造图

1. 管脚　2. 管基　3. 灯丝　4. 阴极　5. 控制极　6. 第一阳极　7. 第二阳极
8. 垂直偏转板　9. 水平偏转板　10. 屏蔽电极　11. 荧光屏　12. 电子束

偏转系统包括垂直偏转板和水平偏转板。这两对偏转板互相垂直,与电子枪在同一轴线上。图 2-3 为 Y 偏转板对电子束的影响示意图,在垂直偏转电压 U_y 的作用下,光点在垂直方向的偏转距离 y 为:

$$y = \frac{LS}{2bU_a} U_y \tag{2-1}$$

式中:L:偏转板的长度; S:偏转板中心到荧光屏中心的距离;

　　　b:两偏转板之间的距离; U_a:第二阳极的电压。

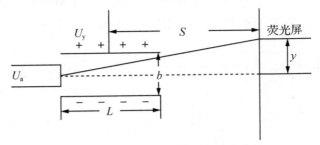

图 2-3　Y 偏转板对电子束的影响示意图

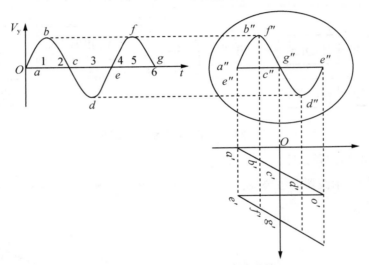

图 2-4　电子束通过平行板时的运动情况

由式(2-1)可见 y 与 U_y、L、S 成正比,与 b、U_a 成反比。当示波管制成后,L、S、b 均为常数,第二阳极的电压 U_a 也基本不变,所以垂直方向的偏转距离 y 正比于偏转板上的偏转电压 U_y,即

$$y = h_y U_y \tag{2-2}$$

比例系数 h_y 称为示波管的垂直偏转因数,单位为 DIV/V,它的倒数 $S_y = 1/h_y$,称为示波管的垂直偏转灵敏度,单位为 V/DIV。

光点在水平方向上的偏转距离 X 正比于时间 t,即

$$X = kt \tag{2-3}$$

其中 k 为比例系数,表示光点的移动速度,也即扫描速度。由于扫描电压是随时间线性增长的,因此,水平轴即为时间轴。

3. 波形形成原理

如果在水平偏转板上加锯齿扫描电压 V_x 的同时,在垂直偏转板上加一正弦信号电压 V_y,则电子束在向 X 方向匀速运动的同时,又向 Y 方向运动。若示波器的 Y 轴和 X 轴都输入正弦电压,电子束的运动就是两个相互垂直的谐振合成的结果,屏幕上显示的图形称为李萨如图形。在图形上分别作两条既不通过图形本身交点,也不与图形相切的水平线和垂直线,数出图形与水平线和垂直线的交点为 N_x、N_y,如果输入 X 轴的信号频率 f_x 精确已知,则输入 Y 轴的待测信号的频率为

$$f_y = \left(\frac{N_x}{N_y}\right) f_x \qquad (2-4)$$

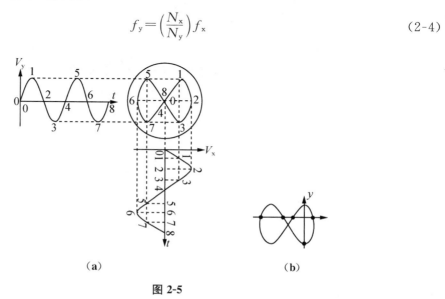

（a）

图 2-5

图 2-5 中 $N_x : N_y = 4 : 2 = 2 : 1$,所以 $f_y = 2f_x$。由于这种方法采用的是频率比,因而其测量准确度取决于标准信号源频率(f_x)的准确度和稳定性。图 2-6 为在 X 轴和 Y 轴输入正弦波且频率成简单整数比时屏上形成的几种李萨如图形。

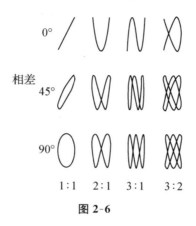

图 2-6

（三）示波器面板控制键的作用

图 2-7 为 SS-7802A 示波器前面板，请查阅相关资料，试回答以下问题：

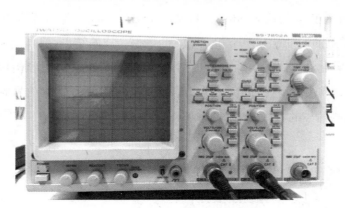

图 2-7　SS-7802A 示波器前面板

1. 当示波器荧光屏不够清晰时，应如何改正该状况？

2. 如何对示波器进行校准？要注意哪些问题？

3. 当显示图像位于荧光屏左下角时，如何使图像的位置移动到荧光屏中央？

4. 如何控制单通道显示、两个通道交替显示、两个通道断续显示？

5. 示波器的哪两个按键是用来控制两个通道信号幅度的代数和或差？

6. 当荧光屏显示图像过大或者过小时，如何调节才能使其大小适中？

7. 示波器显示屏的横轴代表什么物理量？通过示波器面板上哪个旋钮来控制横轴一大格所代表的数值？

8. 示波器显示屏的纵轴代表什么物理量？通过示波器面板上哪个旋钮来控制纵轴一大格所代表的数值？

9. 示波器面板上哪些按钮被用来选择扫描模式？

10. 示波器面板上哪个旋钮是用来调节触发电平的？"已经被触发"或者"正在准备时"指示灯有何不同？

11. 如何正确地选择"触发源"？

12. 如果发现示波器显示的波形不稳定，或者波形混乱，请考虑是哪些方面的原因造成的？应该如何调节？

13. 如果发现示波器上总是显示一条亮线，请考虑是哪些方面的原因造成的？应该如何调节？

14. 如果发现示波器上一个亮点在缓慢水平移动，请考虑是什么原因造成的？应该如何调节？

15. 如果发现示波器上显示一个亮点固定不动的状态,请考虑是什么原因造成的? 应该如何调节?

16. 示波器上哪两个按钮是用来控制"李萨如图状态"和"单通道信号状态"之间的切换的?

17. 示波器面板上哪几个按键(旋钮)是可以用来直接测量"峰—峰值"和"周期"的?

18. 如果打开示波器电源后,看不到扫描线也看不到光点,可能有哪些原因?

19. 示波器的使用还有哪些注意事项?

(四)示波器的应用

1. 根据你对示波器面板的认识,谈谈如何使用示波器测量信号频率与幅值?

2. 参照信号发生器与示波器的连线图,利用示波器测量几种周期性信号的频率和峰—峰值,并完成表2-1。

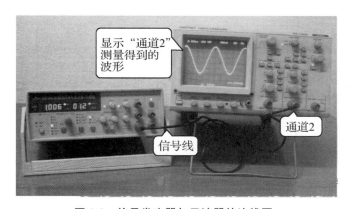

图 2-8　信号发生器与示波器的连线图

表 2-1

信号波形	信号幅度	信号频率	示波器测量值	
			频率	峰—峰值(V_{pp})
正弦波	0.5 mV	500 Hz		
正弦波	0.5 V	500 Hz		
正弦波	1.2 V	8 kHz		
方波	0.6 mV	10 kHz		
方波	0.6 V	10 kHz		
三角波	1.5 V	45 kHz		

3. 简述什么是李萨如图形,其特点是什么?

4. 将 $X-Y$ 键按下,垂直开关置于 $CH2$ 处,此时 X 偏转板由信号发生器 1 输入到 $CH1$ 端,输出频率为 150 Hz 的正弦信号,Y 偏转板由信号发生器 2 输入到 $CH2$ 端,输入频率分别为 50 Hz,75 Hz,100 Hz,150 Hz,225 Hz,300 Hz,450 Hz,仔细调节信号发生器 2 频率,使屏上图形稳定。将图形及信号发生器输出频率填于表 2-2 中。

表 2-2

f_x/Hz	f_y/Hz	李萨如图形	X 轴上切点数	f_x/f_y
			Y 轴上切点数	
100	50			
	75			
	100			
	150			
	225			
	300			
	450			

2.6 汇报

1. 通过小组讨论学习和搜查资料,共同完成任务后,填写工作页内容,并且公开任务成果,各小组如有疑问可以当场提问并记录下其他小组的提问情况,然后各小组互相进行评价和评分。

2. 教师对实验结果相应作出点评和总结,对于做了附加题的小组进行加分,没有做的小组不扣分,学生可以根据相应指标,利用头脑风暴法,自主产生评价表格,教师最后收集评价表格。

3. 教学反思(教学内容、教学目标、教学方式、教学效果)。

4. 本情境的工作页与情境一工作页类同。

工作计划表

示波器的使用					
一、基本信息					
学习小组		学生姓名		学生学号	
学习时间		指导教师		学习地点	
二、工作任务					
三、制定工作计划（包括人员分工、操作步骤、工具选用、完成时间等内容）					
四、注意事项					
五、工作过程记录					
六、任务小结					

任务评价表

班级		小组			
任务	目标	考核内容及评分标准		配分	得分
示波器的使用	问题1	清楚示波器是什么装置,回答信息不齐全,扣1分		5	
	问题2	熟悉示波器的结构,描述信息错漏,扣3分		15	
	问题3	考查示波器的工作原理,描述信息错漏,扣2分		15	
	问题4	考查利用示波器测量波形电压大小和频率,回答错漏一处,扣3分		15	
	问题5	考查利用李萨如图法测定未知正弦信号的频率,回答错漏一处扣2分		15	
	问题6	考查实验的操作过程,回答错漏一处,扣2分;操作不规范,扣3分;不按顺序操作,扣2分;错漏操作步骤,扣2分;记录数据错误一处,扣2分;分析数据错误,扣3分;记录数据不完整,扣2分		15	
	问题7	考查对实验注意事项的掌握程度,回答信息不全面,扣2分		7	
	按时完成任务	按时完成老师的任务,不能在规定时间内完成小组,扣3分		3	
	方法、社会能力	能主动发现问题并解决问题;能与同学、教师进行有效交流;操作规范,实验态度严谨,表达能力强,有创新		5	
	工作参与性	小组分工明确,完成分配的任务;出勤率正常;乐于帮助他人;工作态度积极,服从工作安排		5	
总评					

评定人:

日期:

学习情境三：单摆与三线摆周期的测定与应用

3.1 学习情境

　　教师简单讲解仪器的基本使用方法，引导学生阅读辅助资料，观察实验装置，学会使用相关仪器，让学生利用仪器自行完成用单摆测重力加速度实验和用三线摆测定物体的转动惯量实验，并适当的做学生自己感兴趣的实验。

3.2 所需课时

　　4 学时。

3.3 学习目标

1. 了解 FB327 型单摆测量仪的各部件及其功能；
2. 了解 FB213 光电计时计数毫秒仪的使用方法；
3. 理解用单摆测定重力加速度的实验原理；
4. 学会用单摆测定重力加速度，并验证摆长与周期之间的关系；
5. 掌握影响单摆测量重力加速度的主要因素；
6. 了解三线摆实验装置的结构；
7. 理解三线摆法测定物体的转动惯量的工作原理；
8. 学会用三线摆法测定物体的转动惯量；
9. 掌握用累积放大法测量周期运动的周期；
10. 能够验证平行轴定理；
11. 学会优选实验方案，能够解决影响实验的干扰因素。

3.4 实验器材

　　FB327 型单摆测量仪、FB213 光电计时计数毫秒仪、钢卷尺、游标卡尺、三线摆转动惯量实验仪、钢卷尺、物理天平、待测圆柱体、待测圆环、水平泡座。

3.5 引导文工作页

(一) 布置任务

每 2—3 个学生为一个小组。学生以小组为单位,利用 FB213 光电计时计数毫秒仪、FB327 型单摆测量仪、三线摆测量仪以及其他辅助设备,结合所学的理论知识,设计合理的实验方案,完成以下两个子任务:利用单摆测定重力加速度、利用三线摆测定物体的转动惯量并验证平行轴定理。

(二) 理论知识准备

1. 忽略空气阻力和浮力以及线的伸长等因数,同时在摆动角度很小时,单摆的振动可看作简谐振动,它的振动周期 T 为:

$$T = 2\pi\sqrt{\frac{L}{g}} \tag{3-1}$$

式中 L 是单摆的摆长,其长度为悬挂点 O 到小球球心的距离,g 是重力加速度。

2. 当三线摆(扭摆)下圆盘转动角度很小,且略去空气阻力时,扭摆的运动可近似看作简谐运动。根据能量守恒定律和刚体转动定律均可以导出物体绕中心轴 OO' 的转动惯量

$$I_0 = \frac{m_0 \cdot g \cdot R \cdot r}{4\pi^2 \cdot H_0} \cdot T_0^2 \tag{3-2}$$

式中各物理量的意义如下:m_0 为下圆盘的质量;r、R 分别为上下悬点离各自圆盘中心的距离;H_0 为平衡时上下圆盘间的垂直距离;T_0 为下圆盘做简谐运动的周期,g 为重力加速度。

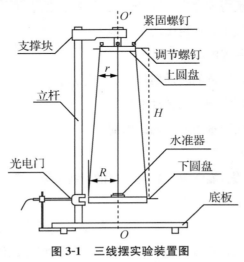

图 3-1 三线摆实验装置图

将质量为 m 的待测物体放在下圆盘上,并使待测物体的转轴与 OO' 轴重合。测出此时摆运动周期 T_1 和上下圆盘间的垂直距离 H。同理可求得待测物体和下圆盘对中心转轴 OO' 轴的总转动惯量为:

$$I_1 = \frac{(m_0 + m) \cdot g \cdot R \cdot r}{4\pi^2 \cdot H} \cdot T_1^2 \tag{3-3}$$

如不计因重量变化而引起悬线伸长，则有 $H \approx H_0$。那么，待测物体绕中心轴的转动惯量为：

$$I = I_1 - I_0 = \frac{g \cdot R \cdot r}{4\pi^2 \cdot H} \cdot [(m + m_0) \cdot T_1^2 - m_0 \cdot T_0^2] \tag{3-4}$$

（三）子任务一：利用单摆测定重力加速度

1. 参照图 3-2，说说 FB327 型单摆测量仪由哪些部分组成，其功能是什么？

图 3-2　FB327 型单摆测量仪

2. 参照图 3-3，说说 FB213 光电计时计数毫秒仪是怎样读取实验数据的？

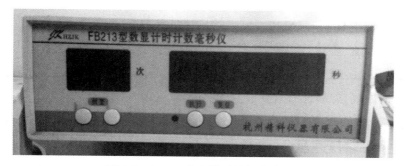

图 3-3　FB213 光电计时计数毫秒仪

3. 在组装单摆时对于细线的长度有什么要求？

4. 为什么要先组装单摆，再测量细线的长度？摆长等于细线长度＋小球的_____？（半径、直径）

5. 根据单摆的周期公式，要计算出重力加速度，本实验中需要测量哪些物理量？

6. 分别用哪两种工具测量细线长度与小球直径？

7. 为什么要选用不易伸长的细线？

8. 怎样保证小球是做简谐振动？

9. 单摆的摆角大小要控制在多少度范围内？

10. 如果测量单摆的周期,应从哪里开始计时? 到哪里结束计时? 实验时应该先让小球开始摆动还是先开启计时器?

11. 实验中如何使小球在一个竖直平面内摆动而不形成圆锥摆?

12. 将小组测量的数据填写至表 3-1,并最终计算出重力加速度。

表 3-1　固定摆长,测定 g 值

项目 次数	摆长(m)			时间	振次	周期	周期 (平均值)	重力加速度 g
	$L_{线}$	d	L	t/s	n	T		
1								
2								
3								

13. 改变摆长,固定 $n=30$,用 FB213 光电计时计数毫秒仪测单摆周期 T。

表 3-2

次数 摆长 L	1	2	3	T/s	T^2/s^2
$L_1=$					
$L_2=$					
$L_3=$					
$L_4=$					

作 $L-T^2$ 的曲线,并验证 L 与 T^2 是什么关系。

14. 还有哪些因素会影响到实验数据的准确度? 应该如何避免?

(四)子任务二:利用三线摆测定物体的转动惯量

1. 什么叫做物体的转动惯量? 测量物体的转动惯量有什么物理意义?

2. 参照图 3-4,说说三线摆转动惯量实验仪由哪些部分组成,其功能是什么?

图 3-4　三线摆转动惯量实验仪

3. 用什么工具测定三线摆上下圆盘悬挂点间的距离？怎样调节悬盘和上圆盘之间的距离？

4. 如何使三线摆上圆盘处于水平状态，以及怎样调节下圆盘水平？

5. 如何使三悬线等长？

6. 摆动三线摆实验装置时前，是否需要下圆盘静止？摆动角度有什么要求？

7. 根据转动惯量的计算公式，利用三线摆装置，测定物体的转动惯量需要测量哪些物理量？各用到什么工具？

8. 利用三线摆实验装置，测定相关物理量，填在表3-3、表3-4中，并最终计算出圆环和小圆柱的转动惯量大小。

实验数据记录

下盘质量 $m_0 =$ _____，待测圆环质量 $m =$ _____，小圆柱体质量 $m' =$ _____。

表3-3　长度多次测量数据记录表格

项目 次数	上圆盘悬孔 间距 a(cm)	下圆盘悬孔 间距 b(cm)	待测圆环		小圆柱体直 径 $2R_x$(cm)	放置小圆柱体两 小孔间距 $2x$(cm)
			外直径 $2R_1$(cm)	内直径 $2R_2$(cm)		
1						
2						
3						
平均						

悬点到中心的距离 r 和 R 分别为：$r =$ _____，$R =$ _____。

上下两圆盘之间的垂直距离：$H_0 =$ _____。

表3-4　累积法测周期数据记录表格

	下圆盘（空盘）		下圆盘＋圆环		下圆盘＋两小圆柱	
摆动30次 所需时间 （s）	1		1		1	
	2		2		2	
	3		3		3	
	平均		平均		平均	
周期	$T_0 =$ _____ s		$T_1 =$ _____ s		$T_x =$ _____ s	

下圆盘（空盘）的转动惯量 = _____。

圆环的转动惯量 = _____。

小圆柱的转动惯量 = _____。

9. 将圆环转动惯量的实验测量值与理论值进行比较，求相对误差。已知理想圆环绕中心轴转动惯量的计算公式为：$I_{理论} = \dfrac{1}{2} m (R_1^2 + R_2^2)$。

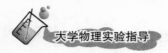

10. 为何要用累积法来测量周期？这种方法有什么优点？

11. 三线摆放上待测物体后,其摆动周期是否一定比空盘的转动周期大,请简述理由。

12. 测量圆环的转动惯量时,若圆环的转轴与下盘转轴不重合,对实验结果有什么影响？

13. 测量小圆柱的转动惯量时,若圆柱没有在下盘上面对称放置,对实验结果有什么影响？

14. 根据图 3-5,简述平行轴定理的公式及其物理意义。

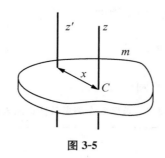

图 3-5

15. 运用三线摆实验装置如何验证平行轴定理？

16. 求出圆柱体绕自身轴的转动惯量,并与理论值进行比较,验证平行轴定理。

表 3-5　平行轴定理验证数据记录表格

项目 次数	小孔间距 $2x$(m)	周期 T_x(s)	实验值(kg·m²) $I_x=\dfrac{1}{2}\left[\dfrac{(m_0+2m')gRr}{4\pi^2 H}T_x^2-I_0\right]$	理论值(kg·m²) $I_x'=m'x^2+\dfrac{1}{2}m'R_x^2$	相对误差
1					
2					
3					
4					
5					

17. 还有哪些因素会引起实验误差？应如何避免？

3.6　汇报

1. 通过小组讨论学习和搜查资料,共同完成任务后,填写工作页内容,并且公开任务成果,同时,其他组的同学也可提出问题,让设计者解释实验所用的相关技术及特点,然后各小组互相进行评价和评分。

2. 教师对评价和评分作出标准,最后收集评价表格,并相应作出点评和总结。

3. 教学反思(教学内容、教学目标、教学方式、教学效果)。

4. 本情境工作页与情境一工作页类同。

工作计划表

单摆与三线摆周期的测定与应用					
一、基本信息					
学习小组		学生姓名		学生学号	
学习时间		指导教师		学习地点	
二、工作任务					
三、制定工作计划（包括人员分工、操作步骤、工具选用、完成时间等内容）					
四、注意事项					
五、工作过程记录					
六、任务小结					

大学物理实验指导

任务评价表

班级		小组			
任务	目标	评价标准		配分	得分
单摆与三线摆周期的测定与应用	问题1	考查用单摆测重力加速度的实验原理,描述信息错漏,扣3分		5	
	问题2	考查对实验仪器的操作理解,描述信息错误,扣3分		5	
	问题3	考查对实验中干扰条件的理解,回答错误,扣3分		5	
	问题4	考查转动惯量的定义,回答信息不齐全,扣2分		5	
	问题5	考查测量物体的转动惯量的方法,描述信息错漏,扣2分		5	
	问题6	考查三线摆实验装置的结构和功能,回答错漏一处,扣2分		5	
	问题7	考查用三线摆法测定物体的转动惯量的实验原理,回答错漏一处,扣2分		5	
	问题8	考查累积放大法的概念,回答错漏一处,扣3分		5	
	问题9	考查三线摆的测量问题,回答错误,扣2分		5	
	问题10	考查平行轴定理的物理定义,回答信息不齐全,扣2分		5	
	问题11	考查如何验证平行轴定理,描述信息错误,扣3分		5	
	问题12	考查对实验周期的理解,描述信息错误,扣3分		5	
	问题13	考查用单摆测重力加速度、用三线摆法测定物体的转动惯量的实验过程,回答错漏一处,扣2分;操作不规范,扣3分;不按顺序操作,扣2分;错漏操作步骤,扣2分		10	
	问题14	考查整理实验数据的能力,记录数据错误一处,扣2分;分析数据错误,扣3分;记录数据不完整,扣2分		10	
	问题15	考查创新能力和对实验的理解程度,回答不够全面,扣2分		5	
	按时完成任务	按时完成老师的任务,不能在规定时间内完成,扣3分		5	
	方法、社会能力	能主动发现问题并解决问题;能与同学、教师进行有效交流;操作规范,实验态度严谨,表达能力强,有创新		5	
	工作参与性	小组分工明确,完成分配的任务;出勤率正常;乐于帮助他人;工作态度积极,服从工作安排		5	
总评					

评定人:

日期:

学习情境四:金属线膨胀系数测量实验

4.1 学习情境

教师简单讲解 FB712 型金属线膨胀系数测量仪的原理和使用方法,以及千分表的使用方法,引导学生利用相关仪器自行完成金属线膨胀系数测量实验,并适当的做学生自己感兴趣的实验。

4.2 所需课时

2 学时。

4.3 学习目标

1. 了解并掌握 FB712 型金属线膨胀系数测量仪的基本原理和使用方法;
2. 了解使用 FB712 型金属线膨胀系数测量仪的注意事项;
3. 理解金属线膨胀的原理;
4. 学会正确使用千分表;
5. 学会测量金属线膨胀系数的一种方法;
6. 能够用逐差法正确分析、处理实验所测得的数据。

4.4 实验器材

FB712 型金属线膨胀系数测量仪、被测件测试架、千分表、传感器连接线、钢卷尺、空心铜棒、空心铝棒。

4.5 引导文工作页

(一)布置任务

将全班分为每 2—3 个学生一个小组。学生通过阅读老师提供的辅助资料,利用 FB712 型金属线膨胀系数测量仪以及其他辅助设备,结合老师所介绍的仪器使用方法,测量并用逐差法计算出金属铝棒和铜棒的线膨胀系数,并学会正确使用千分表。

(二)理论知识准备

固体受热后其长度的增加称为线膨胀。经验表明,在一定的温度范围内,原长为 L 的物体,受热后其伸长量 ΔL 与其温度的增加量 Δt 近似成正比,与原长 L 亦成正比,即:

$$\Delta L = \alpha \cdot L \cdot \Delta t \qquad (4\text{-}1)$$

式中的比例系数 α 称为固体的线膨胀系数（简称线胀系数）。

由(4-1)式可知，测量出杆长 L、受热后温度从 t_1 升高到 t_2 时的伸长量 ΔL 和受热前后的温度升高量 Δt($\Delta t = t_2 - t_1$)，则该材料在(t_1, t_2)温度区域的线胀系数为：

$$\alpha = \frac{\Delta L}{(L \cdot \Delta t)} \qquad (4\text{-}2)$$

其物理意义是固体材料在(t_1, t_2)温度区域内，温度每升高 1 ℃ 材料的相对伸长量，其单位为$(℃)^{-1}$。

（三）仪器设备的认知使用与实验任务

1. FB712 型金属线膨胀系数测量仪是一种什么装置，可应用在哪些实验和行业？

2. 参考被测件测试架图和 FB712 型金属线膨胀系数测量仪实验装置图，说说 FB712 型金属线膨胀系数测量仪的主要组成部分。

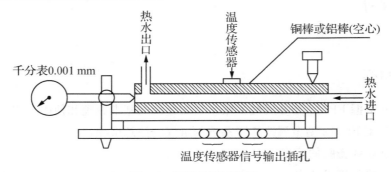

图 4-1　被测件测试架图

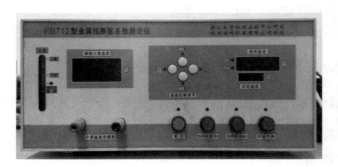

（a）

（b）

图 4-2　FB712 型金属线膨胀系数测量仪实验装置图

3. 结合 FB712 型金属线膨胀系数测量仪,简述其工作原理。

4. 使用 FB712 型金属线膨胀系数测量仪时,有哪些注意事项?

5. 图 4-3 为千分表,请说明千分表的用途和使用的注意事项。

图 4-3　千分表

6. 查阅资料,试说明金属线膨胀的原理并阐述线膨胀系数的物理意义。

7. 在"理论知识准备"中找出固体受热后伸长量与其温度增加量的关系。

8. 观察表 4-1,不同材料的线性膨胀系数相同吗?不同类型材料的线膨胀系数有什么关系?

表 4-1

材料	铜、铁、铝	普通玻璃、陶瓷	殷钢	熔凝石英
数量级	$\times 10^{-5}(℃)^{-1}$	$\times 10^{-6}(℃)^{-1}$	$<2\times 10^{-6}(℃)^{-1}$	$\times 10^{-7}(℃)^{-1}$

9. 查阅资料,分析固体线膨胀系数与什么有关?

10. 实验过程中应控制哪些变量?

11. 实验时温度的提高量如何确定?一般为多少?

12. 给机箱加水时,有哪些注意事项?

13. 实验时千分表应该固定在哪个位置?为什么?

14. 千分表使用前一定要调零吗?为什么?

15. 千分表的读数应该保留多少位有效数据?

16. 进行实验时,环境温度和环境湿度有何要求?

17. 如何利用逐差法处理数据?

18. 将实验数据记录在下列表格中,并使用逐差法处理数据:计算铜棒和铝棒的金属线膨胀系数 $\alpha_{铜}$、$\alpha_{铝}$。

表 4-2

测量次数	1	2	3	平均值
铜棒有效长度(mm)				
铝棒有效长度(mm)				

表 4-3

样品温度(℃)	35	40	45	50	55	60	65	70
测铜棒千分表读数 $L_i(\times 10^{-6}\ m)$								
测铝棒千分表读数 $L_i(\times 10^{-6}\ m)$								

19. 进行该实验还有哪些注意事项?

20. 实验的误差来源主要有哪些?

4.6 汇报

1. 通过小组讨论学习和搜查资料,共同完成任务后,填写工作页内容,并且公开任务成果,同时,其他组的同学也可提出问题,让设计者解释实验所用的相关技术及特点,然后各小组互相进行评价和评分。

2. 教师对评价和评分作出标准,最后收集评价表格,并相应作出点评和总结。

3. 教学反思(教学内容、教学目标、教学方式、教学效果)。

工作计划表

金属线膨胀系数测量实验					
一、基本信息					
学习小组		学生姓名		学生学号	
学习时间		指导教师		学习地点	
二、工作任务					
三、制定工作计划（包括人员分工、操作步骤、工具选用、完成时间等内容）					
四、注意事项					
五、工作过程记录					
六、任务小结					

任务评价表

班级		小组			
任务	目标	评价标准		配分	得分
金属线膨胀系数测量实验	问题1	了解金属线膨胀系数测量仪的应用方向,回答信息不齐全,扣1分		5	
	问题2	熟悉金属线膨胀系数测量仪的结构,描述信息错漏,扣3分		5	
	问题3	熟悉金属线膨胀的原理,描述信息错误,扣3分		5	
	问题4	考查是否能正确进行温度调节,回答错漏一处,扣2分		5	
	问题5	考查千分表的固定,回答信息错漏,扣2分		5	
	问题6	考查机箱加水的正确步骤,回答信息错漏一处,扣2分		5	
	问题7	考查实验环境对实验的影响,回答信息错误,扣2分		5	
	问题8	考查千分表的使用和读数,回答不够全面,扣2分		5	
	问题9	考查逐差法的定义与应用,描述信息错误,扣3分		5	
	问题10	考查金属线膨胀系数的关系式,描述信息错误,扣3分		5	
	问题11	考查实验的操作过程,回答错漏一处,扣2分;操作不规范,扣3分;不按顺序操作,扣2分;记录数据错误一处,扣2分;错漏操作步骤,扣2分		10	
	问题12	考查整理实验数据的能力,记录数据错误一处,扣2分;分析数据错误,扣3分;记录数据不完整,扣2分		10	
	问题13	考查学生对实验的熟悉程度,回答信息错误,扣2分		5	
	问题14	考查创新能力和对实验的理解程度,回答不够全面,扣2分		5	
	问题15	任务小测,回答错漏一处,扣2分		5	
	按时完成任务	按时完成老师的任务,不能在规定时间内完成小组,扣3分		5	
	方法、社会能力	能主动发现问题并解决问题;能与同学、教师进行有效交流;操作规范,实验态度严谨,表达能力强,有创新		5	
	工作参与性	小组分工明确,完成分配的任务;出勤率正常;乐于帮助他人;工作态度积极,服从工作安排		5	
总评					

评定人:

日期:

学习情境五：电学综合性实验

5.1 学习情境

教师简单讲解九孔实验板的特征，引导学生阅读仪器说明书，学会使用九孔实验板配套的相关器件，让学生利用仪器自行完成电路元件伏安特性的测绘实验、二极管伏安特性的测定实验、光敏电阻的光电特性的测定实验，并适当的做学生自己感兴趣的实验。

5.2 所需课时

6 学时。

5.3 学习目标

1. 掌握九孔实验板、数字式万用表的基本知识和使用方法；
2. 了解使用九孔实验板、数字式万用表的注意事项；
3. 掌握测量线性和非线性电阻元件伏安特性的方法，并绘制其特性曲线；
4. 掌握运用伏安法判定电阻元件类型的方法；
5. 学习用数字式万用表测量二极管，学会测量二极管的伏安特性；
6. 了解光电导型光电传感器的特点；
7. 学会测量光敏电阻的光电特性；
8. 学会识别常用电路元件的方法；
9. 学会实验台上电学仪器的使用方法；
10. 合理设计实验数据记录表格，并且能够正确分析、处理数据；
11. 设计合理的实验方法，并自行计划、实施和监控；
12. 能够合理利用已有的电学实验仪器，进行多种电学实验。

5.4 实验器材

297mm×300mm 九孔实验板、JK-31A 设计性实验专用稳压电源、三位半数字式万用表、固定电阻、白炽灯泡、小灯座、滑动变阻器、稳压二极管、普通二极管、钮子开关、暗筒、透明元件盒、光敏电阻、灯泡、带刻度的拉杆、实验元件盒、短路桥和连接导线。

5.5 引导文工作页

（一）布置任务

全班分为每 2 个学生一个小组。学生通过老师提供的辅助设备和阅读辅助资料，利用九孔实验板配套的各种电学仪器，结合所学的电学知识，完成以下三个子任务：电路元件伏安特性的测绘实验、二极管伏安特性的测定实验、光敏电阻的光电特性的测定实验，并探究其他电学实验。

（二）仪器设备的认知与使用

1. 结合图 5-1，说说九孔实验板是一种什么装置，可应用在什么实验？

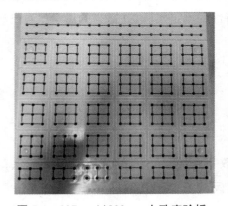

图 5-1　297mm×300mm 九孔实验板

2. 使用九孔实验板时有哪些注意事项？

3. 使用九孔实验板时如果将电压源的两个输出端接入同一个"九孔"单元内，会造成什么后果？

4. 参照图 5-2，数字式万用表由哪几个部分构成？使用时有哪些注意事项？

图 5-2　数字式万用表

5. 换接线路时，是否需要关闭电源开关？

6. 参照图5-3，说说JK-31A设计性实验性专用稳压电源的使用方法。

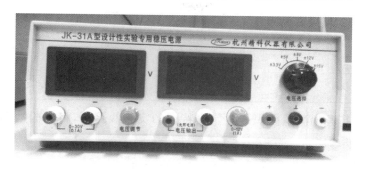

图5-3　JK-31A 设计性实验专用稳压电源

7. 参照图5-4，说说光敏电阻光电特性实验装置的使用注意事项。

图5-4　光敏电阻光电特性实验装置图

（三）子任务一：电路元件伏安特性的测绘实验

1. 完成电路元件伏安特性的测绘实验需要用到以上哪些实验仪器？

2. 实验过程中应控制哪些变量？

3. 简述欧姆定律。

4. 简述伏安测量法。

5. 根据伏安特性的不同，电阻元件分为哪两大类？

6. 什么是逐点测试法？

7. 各小组自行画出测量线性电阻元件伏安特性的实验电路图，将实验数据填入表5-1中，并画出伏安特性曲线。

表 5-1   线性电阻元件实验数据记录表

U_s(V)	0	1	2	3	4	5	6	7	8	9	10
I(mA)											
U(V)											
$R=U/I$(Ω)											

8. 各小组自行画出测量白炽灯泡伏安特性的实验线路图,将实验数据填入表 5-2 中,并画出伏安特性曲线。

表 5-2   白炽灯泡实验数据记录表

U_s(V)	0	1	2	3	4	5	6	7	8	9	10
I(mA)											
U(V)											
$R=U/I$(Ω)											

9. 比较以上两者的伏安特性曲线,可以得出什么结论?

10. 通过伏安特性曲线看欧姆定律,它对哪些元件成立?哪些元件不成立?

(四)子任务二:二极管伏安特性的测定实验

1. 根据所查阅资料,二极管是一种什么元件?其阻值与哪些因素有关?

2. 用伏安法测量二极管的伏安特性曲线时,一般采用哪两种方法?

3. 欧姆定律对二极管是否成立?

4. 推导出外接法的系统误差的产生公式,并说明什么情况下电压测量产生的系统误差相对较小。

5. 推导出内接法的系统误差的产生公式,并说明什么情况下电压测量产生的系统误差相对较小。

6. 画出正向曲线测量线路图和反向曲线测量线路图。

7. 如何运用数字式万用表辨别二极管的正、负极?如何判断二极管是否正常?

8. 在使用数字式万用表时,可否用二极管专用档测量通电情况下的二极管?为什么?

9. 在使用数字式万用表时,选择 20 kΩ 以上的档的用意是什么?

10. 根据所画出的线路图连接电路,将测量数据记录在表 5-3 中,并作出伏安特性曲线图。

表 5-3　二极管正、反向伏安特性曲线测定

测量序数	1	2	3	4	5	6	7	8
$U(V)$								
$I(mA)$								

11. 是否需要对该两条特性曲线进行修正?为什么?

12. 试根据正、反向特性曲线求出二极管正向导通电压 $U_。$ 和反向饱和电流 I_c 值。

（五）子任务三:光敏电阻的光电特性的测定实验

1. 通过查阅资料,简述光敏传感器的功能。

2. 通过查阅资料,简述什么是光电效应。

3. 光敏传感器的基本特性是什么?

4. 试说明什么是光照特性?

5. 根据如图 5-5 所示的光敏电阻结构原理示意图,说明光敏电阻的工作原理。

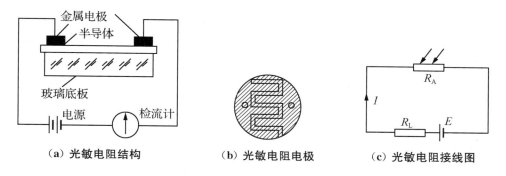

（a）光敏电阻结构　　　（b）光敏电阻电极　　　（c）光敏电阻接线图

图 5-5　光敏电阻结构原理示意图

6. 写出光敏电阻电导率的改变量的公式。

7. 在一定光照度下,光电流和电压成什么关系?

8. 光敏电阻有哪些主要参数?

9. 光敏电阻有哪些基本特性?试着用 $I-U$ 图像表示出来。

10. 光敏电阻的光照特性是否是线性的?有什么缺点?

11. 应该从提供的实验仪器中选用哪些来完成实验?

12. 如何进行暗电阻测量?

13. 如何进行亮电阻测量?

14. 各小组自行画出光敏电阻的伏安特性测量电路图。

15. 在进行光敏电阻的伏安特性测量时,为什么要在弱光位置选择较多的数据点?

16. 为什么至少要在三个不同照度下重复进行光敏电阻的伏安特性测量?

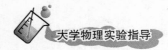

17. 将测量数据记录在表 5-4～表 5-9 中。

表 5-4 光敏电阻伏安特性测试数据表（照度: ）

电压(V)	3.3	5	8	12
U_r(V)				
电阻(Ω)				
光电流(A)				

表 5-5 光敏电阻伏安特性测试数据表（照度: ）

电压(V)	3.3	5	8	12
U_r(V)				
电阻(Ω)				
光电流(A)				

表 5-6 光敏电阻伏安特性测试数据表（照度: ）

电压(V)	3.3	5	8	12
U_r(V)				
电阻(Ω)				
光电流(A)				

表 5-7 光敏电阻光照特性测试数据表（电压: ）

照度(Lux)								
U_r(V)								
光电流(A)								

表 5-8 光敏电阻光照特性测试数据表（电压: ）

照度(Lux)								
U_r(V)								
光电流(A)								

表5-9 光敏电阻光照特性测试数据表(电压:)

照度(Lux)											
U_r(V)											
光电流(A)											

18. 根据实验数据画出光敏电阻的一簇伏安特性曲线。

19. 根据实验数据画出光敏电阻的一簇光照特性曲线。

5.6 汇报

1. 通过小组讨论学习和搜查资料,共同完成任务后,填写工作页内容,并且公开任务成果,同时,其他组的同学也可提出问题,让设计者解释实验所用的相关技术及特点,然后各小组互相进行评价和评分。

2. 教师对评价和评分作出标准,最后收集评价表格,并相应作出点评和总结。

3. 教学反思(教学内容、教学目标、教学方式、教学效果)。

工作计划表

电学综合性实验					
一、基本信息					
学习小组		学生姓名		学生学号	
学习时间		指导教师		学习地点	
二、工作任务					
三、制定工作计划(包括人员分工、操作步骤、工具选用、完成时间等内容)					
四、注意事项					
五、工作过程记录					
六、任务小结					

任务评价表

班级		小组			
任务	目标	评价标准		配分	得分
电学综合性实验	问题1	了解九孔实验板的应用方向,回答信息不齐全,扣1分		4	
	问题2	熟悉数字式万用表结构,描述信息错漏,扣3分		3	
	问题3	考查伏安测量法,描述信息错误,扣3分		3	
	问题4	考查测量线性和非线性电阻元件伏安特性的方法,回答错漏一处,扣1分		3	
	问题5	考查用伏安法判定电阻元件的方法,回答信息错漏,扣2分		3	
	问题6	能够用数字式万用表测量二极管,回答信息错漏,扣2分		3	
	问题7	考查二极管的伏安特性,回答信息错误,扣2分		3	
	问题8	考查光电导型光电传感器的特点,回答不够全面,扣2分		3	
	问题9	考查识别常用电路元件的方法,描述信息错误,扣3分		3	
	问题10	考查光敏电阻工作原理,描述信息错漏,扣3分		3	
	问题11	考查光敏电阻电导率的改变量的公式,回答错漏,扣2分		3	
	问题12	考查光敏电阻伏安特性的测量注意事项,回答错漏,扣2分		3	
	问题13	考查光敏电阻伏安特性的测量注意事项,信息错误,扣3分		3	
	问题14	考查实验的操作过程,操作没有水平调节,操作不规范,不按顺序操作,错漏操作步骤,记录数据错漏,扣2分		20	
	问题15	考查整理实验数据的能力,记录数据错误一处,错漏操作步骤,分析数据错误,记录数据不完整,扣2分		15	
	问题16	考查学生对实验的熟悉程度,回答信息错误,扣2分		5	
	问题17	考查创新能力和对实验的理解程度,回答不全面,扣2分		5	
	按时完成任务	按时完成老师的任务,不能在规定时间内完成,扣3分		5	
	方法、社会能力	能主动发现问题并解决问题;能与同学、教师进行有效交流;操作规范,实验态度严谨,表达能力强,有创新		5	
	工作参与性	小组分工明确,完成分配的任务;出勤率正常;乐于帮助他人;工作态度积极,服从工作安排		5	
总评					

评定人:

日期:

学习情境六：声速测量综合性实验

6.1 学习情境

教师向学生讲解声速测量组合仪的基本原理和使用方法,引导学生在阅读使用说明的基础上学会使用仪器,让学生利用仪器自行完成空气、液体及固体介质的声速测量实验,并适当的做学生自己感兴趣的实验。

6.2 所需课时

6 学时。

6.3 学习目标

1. 理解声波波长的测量方法及原理;

2. 掌握常用测量声速的方法及原理;

3. 理解声速测量仪的工作原理及连接方法;

4. 理解压电换能器的谐振频率;

5. 进一步熟悉示波器和游标卡尺的使用方法;

6. 了解声速在不同介质中传播的区别;

7. 能够用声速测量组合仪测量声音在空气、液体、固体三种介质中的传播速度;

8. 能够用逐差法正确分析、处理实验数据;

9. 理解声速的测量原理,可以运用到生活中解决具体问题。

6.4 实验器材

SV5 声速测量组合仪、SV5 型声速测定专用信号源、被测铜棒、被测有机棒、示波器。

6.5 引导文工作页

(一)布置任务

将全班分为每 3 个学生一个小组。老师简单讲解声速测量组合仪的原理和使用方法,每小组参考教师提供的辅助资料,熟悉仪器使用方法,准备所需测量工具,利用所学的相关理论知识,设计合理的实验方案,测量声音在空气、液体及固体介质中的传播速度。

（二）理论知识准备

在波动过程中波速 V、波长 λ 和频率 f 之间存在着下列关系：$V=f\cdot\lambda$,可通过测定声波的波长 λ 和频率 f 来求得声速 V。常用的方法有共振干涉法与相位比较法。

声波传播的距离 L 与传播的时间 t 存在下列关系：$L=V\cdot t$,只要测出 L 和 t 就可测出声波传播的速度 V,这就是时差法测量声速的原理。

1. 共振干涉法（驻波法）测量声速的原理

当两束幅度相同,方向相反的声波相交时,产生干涉现象,出现驻波。对于波束 1：$F_1=A\cdot\cos(\omega t-2\pi\cdot X/\lambda)$、波束 2：$F_2=A\cdot\cos(\omega t+2\pi\cdot X/\lambda)$,当它们相交会时,叠加后的波形成波束 3：$F_3=2A\cdot\cos(2\pi\cdot X/\lambda)\cdot\cos\omega t$,这里 ω 为声波的角频率,t 为经过的时间,X 为经过的距离。由此可见,叠加后的声波幅度,随距离按 $\cos(2\pi\cdot X/\lambda)$ 变化。如图 6-1 所示。压电陶瓷换能器 S_1 作为声波发射器,它由信号源供给频率为数千周的交流电信号,由逆压电效应发出一平面超声波；而换能器 S_2 则作为声波的接收器,正压电效应将接收到的声压转换成电信号,该信号输入示波器,我们在示波器上可看到一组由声压信号产生的正弦波形。声源 S_1 发出的声波,经介质传播到 S_2,在接收声波信号的同时反射部分声波信号,如果接收面(S_2)与发射面(S_1)严格平行,入射波即在接收面上垂直反射,入射波与发射波相干涉形成驻波。我们在示波器上观察到的实际上是这两个相干波合成后在声波接收器 S_2 处的振动情况。移动 S_2 位置（即改变 S_1 与 S_2 之间的距离）,你从示波器显示上会发现当 S_2 在某些位置时振幅有最小值或最大值。根据波的干涉理论可以知道：任何两相邻的振幅最大值的位置之间（或两相邻的振幅最小值的位置之间）的距离均为 $\lambda/2$。

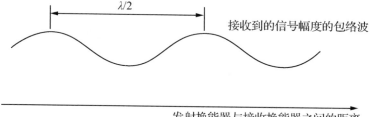

图 6-1

2. 相位法测量原理

声源 S_1 发出声波后,在其周围形成声场,声场在介质中任一点的振动相位是随时间而变化的。但它和声源的振动相位差 $\Delta\Phi$ 不随时间变化。

设声源方程为 $F_1=F_{01}\cdot\cos\omega t$

距声源 X 处 S_2 接收到的振动为 $F_2 = F_{02} \cdot \cos \omega \left(t - \dfrac{X}{Y} \right)$

两处振动的相位差 $\Delta\Phi = \omega \dfrac{X}{Y}$,

当把 S_1 和 S_2 的信号分别输入到示波器 X 轴和 Y 轴,那么当 $X = n \cdot \lambda$ 即 $\Delta\Phi = 2n\pi$ 时,合振动为一斜率为正的直线,当 $X = (2n+1)\lambda/2$,即 $\Delta\Phi = (2n+1)\pi$ 时,合振动为一斜率为负的直线,当 X 为其他值时,合成振动为椭圆(如图 6-2)。

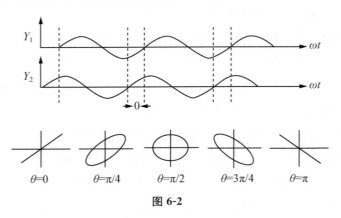

图 6-2

3. 时差法测量原理

时差法是将经脉冲调制的电信号加到发射换能器上,声波在介质中传播,经过 t 时间后,到达 L 距离处的接收换能器,所以可以用以下公式求出声波在介质中传播的速度。速度 $V = L/t$。

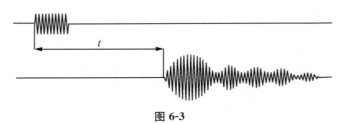

图 6-3

(三)仪器设备的认知使用与实验任务

1. 声波是一种什么波?测量声波有什么物理意义?

2. 请列出通过使用数据求得声速的关系式。

3. 根据图 6-4,说说 SV5 声速测量仪的主要结构。

图 6-4　SV5 声速测量组合仪

4. 参照图 6-5，说说 SV5 型声速测定专用信号源使用的注意事项。

图 6-5　SV5 型声速测定专用信号源

5. 声速测量组合仪主要由什么器件组成，其工作原理是什么？

6. 利用声速测量组合仪测量声速有哪些方法？分别适用于什么介质？

7. 如何判断测量系统是否处于谐振状态？怎样调节压电换能器的谐振频率？

8. 进行谐振频率的调节时，将专用信号源输出的正弦信号频率调节到换能器的谐振频率的目的是什么？

9. 声速测量系统的连接如图 6-6 所示，结合图 6-6 说明声速测量的注意事项。

声速测量时：专用信号源、SV5 型声速测定仪、示波器之间，连接方法如图 6-6 所示。

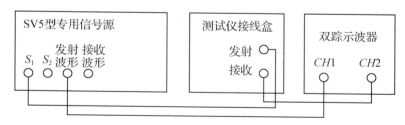

（a）共振干涉法、相位法测量连线图

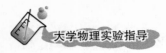

（b）时差法测量连线图

图 6-6　声速测量系统的连接图

10. 如果声源 S_1 发出声波，经介质传播到 S_2，两者如何相互作用形成驻波呢？

11. 如何改变超声换能器 S_1 至 S_2 之间的距离？

12. 当移动 S_2 位置时，接收到的信号振幅会发生什么样的变化，可以得出什么结论？

13. 用共振干涉法（驻波法）测量波长时，如何确定最佳工作频率？

14. 如何用共振干涉法测量声波的波长？需要记录哪些物理量？

15. 写出声速与波长 λ 和平均频率 f（频率由声速测试仪信号源频率显示窗口直接读出）之间的关系。

16. 用什么方法来处理实验所测得的数据？

17. 各小组按照表 6-1 记录数据，并用正确的方法分析、处理数据。

表 6-1

S_2 位置	X_1	X_2	X_3	X_4	X_5	X_6	X_7	X_8	X_9	X_{10}
L_i(mm)										

①调节最佳工作频率为：_____。

②移动接收端，使接收到的信号幅值每次达到最大值，记录游标卡尺的读数。

计算波长 λ。

③超声波在空气中传播的速度为：_____。

④标准大气压下传播介质为空气的声速为：_____。

计算声速的相对误差：$\Delta=$ _____。

18. 什么是相位测量法？根据如图 6-7 所示在示波器上显示出来的李萨如图形，说明相位法测量声速的原理。

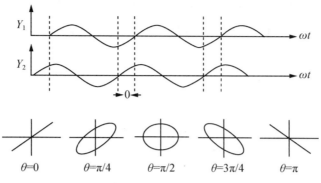

图 6-7　示波器上显示出来的李萨如图形

19. 利用相位法测量声速,需要保证什么条件?

20. 用相位法测量波长与用共振干涉法(驻波法)测量波长有何异同?

21. 运用相位比较法(李萨如图法)测量波长时有哪些注意事项?

22. 各小组按照表 6-2 记录数据,并用正确的方法分析、处理数据。

表 6-2　相位法

相位	$\theta=0$	$\theta=\pi$	$\theta=0$	$\theta=\pi$	$\theta=0$	$\theta=\pi$	$\theta=0$	$\theta=\pi$	$\theta=0$	$\theta=\pi$
L_i(mm)										

①调节最佳工作频率为：_____。

②移动接收端,使发射与接收的信号相位分别相差 0 和 π,记录游标卡尺的读数。

计算波长 λ。

③超声波在空气中传播的速度为：_____。

④标准大气压下传播介质为空气的声速为：_____。

计算声速的相对误差:Δ＝_____。

23. 时差法的测量原理是什么? 它与共振干涉法、相位法有什么区别?

24. 用时差法测量空气声速时,专用信号源和发射换能器的设置和安装有什么要求?

25. 用时差法测量空气声速时,如何使计时器工作在最佳状态?

26. 在什么情况下测量时间值会出现跳变?

27. 应该如何确保计时器能正确计时?

28. 用时差法测量液体声速时,取出金属测试架时有哪些注意事项?

29. 向储液槽注入液体时,可否超过液面线? 为什么?

30. 在注入液体时,还有哪些注意事项?

31. 用时差法测量液体声速时,专用信号源和发射换能器的设置和接线有什么要求?

32. 用时差法测量固体声速时,专用信号源和发射换能器的设置和接线有什么要求?

33. 用时差法测量固体声速时,如何使固体棒两端面和两换能器的平面可靠、紧密接触?

34. 在旋紧时如何避免损坏螺纹和储液槽?

35. 调换测试棒时,有哪些注意事项?

36. 将实验数据记录在表 6-3 中,并进行数据分析。

①分别以空气、铜棒、有机玻璃为例,分别测量相应位置的时间差和长度差。

表 6-3　时差法

介质	L_1(cm)	T_1	L_2(cm)	T_2	L_3(cm)	T_3
空气						
铜棒						
有机玻璃						

②计算声速。$V_1=(L_3-L_1)/(t_3-t_1)$,$V_2=(L_3-L_2)/(t_3-t_2)$

声速为:$V=(V_1-V_2)/2$

分别计算空气、铜棒、有机玻璃介质的声速。

③计算

(a) 实验值

空气中的声速 $V_空=f_空 \cdot \bar\lambda_空=$_____。

水中的声速 $V_水=f_水 \cdot \bar\lambda_水=$_____。

(b) 理论值(空气的温度 $T_空=$_____;水的温度 $T_水=$_____)

$$V_{空理}=V_{0空} \cdot \sqrt{\frac{T_空}{T_0}}=\text{_____}。$$

$$V_{水理}=V_{0水} \cdot \sqrt{\frac{T_水}{T_0}}=\text{_____}。$$

(上式中 $V_{0空}=331.45$ m/s,水中 $V_{0水}=1\ 480$ m/s,$T_0=273.15$ K)

(c) 相对误差

$$E_空=\left|\frac{V_空-V_{空理}}{V_{空理}}\right|\times100\%=\text{_____}。$$

$$E_水=\left|\frac{V_水-V_{水理}}{V_{水理}}\right|\times100\%=\text{_____}。$$

④用时差法测得超声波在空气中的传播速度为多少?

37. 使用逐差法处理实验数据有什么优点？

38. 由于实验过程比较复杂，为了保证实验过程顺利，应该遵守哪些注意事项？

6.6 汇报

1. 通过小组讨论学习和搜查资料，共同完成任务后，填写工作页内容，并且公开任务成果，同时，其他组的同学也可提出问题，让设计者解释实验所用的相关技术及特点，然后各小组互相进行评价和评分。

2. 教师对评价和评分作出标准，最后收集评价表格，并相应作出点评和总结。

3. 教学反思（教学内容、教学目标、教学方式、教学效果）。

工作计划表

声速测量综合性实验					
一、基本信息					
学习小组		学生姓名		学生学号	
学习时间		指导教师		学习地点	
二、工作任务					
三、制定工作计划（包括人员分工、操作步骤、工具选用、完成时间等内容）					
四、注意事项					
五、工作过程记录					
六、任务小结					

任务评价表

班级		小组			
工作任务	任务目标	评价标准		配分	得分
声速测量综合性实验	问题1	考查声波的物理意义，回答信息不齐全，扣2分		2	
	问题2	考查测量声速的方法，描述信息错漏，扣2分		5	
	问题3	考查共振干涉法的实验原理，回答错漏一处，扣2分		10	
	问题4	考查相位法的测量实验原理，回答错漏一处，扣2分		8	
	问题5	考查时差法测量实验原理，描述信息错误，扣2分		5	
	问题6	考查声速测量仪的组成和工作原理，回答错漏一处，扣3分		5	
	问题7	考查谐振频率的知识点，回答错误，扣2分		5	
	问题8	考查实验过程中的操作步骤，回答错漏一空，扣2分；操作不规范，扣3分；不按顺序操作，扣2分；错漏操作步骤，扣2分；自行设计方案有创新，加5分		15	
	问题9	考查整理实验数据的能力，记录数据错误一处，扣2分；分析数据错误，扣3分；记录数据不完整，扣2分		15	
	问题10	考查逐差法的优点，回答错漏一处，扣2分		5	
	问题11	考查在不同介质中的声速，回答错漏一处，扣2分		7	
	问题12	考查实验的注意事项，回答错漏一处，扣2分		5	
	按时完成任务	按时完成老师的任务，不能在规定时间内完成，扣3分		3	
	方法、社会能力	能主动发现问题并解决问题；能与同学、教师进行有效交流；操作规范，实验态度严谨，表达能力强，有创新		5	
	工作参与性	小组分工明确，完成分配的任务；出勤率正常；乐于帮助他人；工作态度积极，服从工作安排		5	
总评					

评定人：

日期：

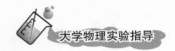

学习情境七：利用霍尔效应测定磁场的磁感应强度

7.1 学习情境

教师向学生分发 TH-H 型霍尔效应实验仪使用说明书、TH-H 型霍尔效应测试仪说明书，简单讲解霍尔效应实验仪的基本知识和使用方法，引导学生阅读使用说明书和相关辅助资料的基础上学会使用仪器，让学生自行完成利用霍尔效应测定磁场磁感应强度的实验。

7.2 所需课时

2 学时。

7.3 学习目标

1. 了解并掌握 TH-H 型霍尔效应实验仪、TH-H 型霍尔效应测试仪的基本知识和使用方法；
2. 了解使用 TH-H 型霍尔效应实验仪、TH-H 型霍尔效应测试仪的注意事项；
3. 掌握霍尔效应的基本原理；
4. 理解霍尔元件有关参数的含义和作用；
5. 能够用霍尔效应实验仪测定磁场的磁感应强度；
6. 能够准确计算、分析实验所得数据。

7.4 实验器材

TH-H 型霍尔效应实验仪、TH-H 型霍尔效应测试仪、电磁铁、N 型半导体硅单晶体切薄片式样、样品架、I_s 和 I_m 换向开关、V_h 和 V_{ac} 测量选择开关、样品工作电流源、励磁电流源。

7.5 引导文工作页

（一）布置任务

将全班分为每 2 个学生一个小组。根据霍尔效应的原理，学生利用 TH-H 型霍尔效应实验仪、TH-H 型霍尔效应测试仪以及其他辅助设备,测定磁场的磁感应强度 B。

(二)理论知识准备

霍尔效应从本质上讲是运动的带电粒子在磁场中受洛仑兹力作用而引起的偏转。当带电粒子(电子或空穴)被约束在固体材料中,这种偏转就导致在垂直电流和磁场的方向上产生正负电荷的聚积,从而形成附加的横向电场,即霍尔电场。对于图 7-1(a)所示的 N 型半导体试样,若在 X 方向的电极 D、E 上通以电流 I_s,在 Z 方向加磁场 B,试样中载流子(电子)将受洛仑兹力

$$F_g = e\,\overline{v}B \tag{7-1}$$

其中 e 为载流子(电子)电量,$\overline{v}$ 为载流子在电流方向上的平均定向漂移速率,B 为磁感应强度。

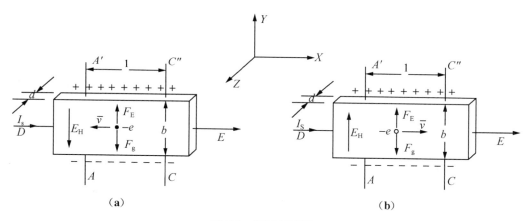

图 7-1 样品示意图

无论载流子是正电荷还是负电荷,F_g 的方向均沿 Y 方向,在此力的作用下,载流子发生迁移,则在 Y 方向即试样 A、A' 电极两侧就开始聚积异号电荷而在试样 A、A' 两侧产生一个电位差 V_H,形成相应的附加电场 E-霍尔电场,相应的电压 V_H 称为霍尔电压,电极 A、A' 称为霍尔电极。电场的指向取决于试样的导电类型。N 型半导体的多数载流子为电子,P 型半导体的多数载流子为空穴。对 N 型试样,霍尔电场逆 Y 方向,P 型试样则沿 Y 方向,有

$$I_s(X)、B(Z) \quad \begin{array}{l} E_H(Y)<0(\text{N 型}) \\ E_H(Y)>0(\text{P 型}) \end{array}$$

显然,该电场是阻止载流子继续向侧面偏移,试样中载流子将受一个与 F_g 方向相反的横向电场力

$$F_E = eE_H \tag{7-2}$$

其中 E_H 为霍尔电场强度。

F_E 随电荷积累增多而增大,当达到稳恒状态时,两个力平衡,即载流子所受的横向电场

力 eE_H 与洛仑兹力 $e\bar{v}B$ 相等,样品两侧电荷的积累就达到平衡,故有

$$eE_H = e\bar{v}B \tag{7-3}$$

设试样的宽度为 b,厚度为 d,载流子浓度为 n,则电流强度 I_s 与的 $\bar{v}$ 关系为

$$I_s = ne\bar{v}bd \tag{7-4}$$

由(7-3)、(7-4)两式可得

$$V_H = E_H b = \frac{1}{ne}\frac{I_s B}{d} = R_H \frac{I_s B}{d} \tag{7-5}$$

即霍尔电压 V_H(A、A' 电极之间的电压)与 $I_s B$ 乘积成正比,与试样厚度 d 成反比。比例系数 $R_H = \frac{1}{ne}$ 称为霍尔系数,它是反映材料霍尔效应强弱的重要参数。根据霍尔效应制作的元件称为霍尔元件。由式(7-5)可见,只要测出 V_H(V)以及知道 I_s(A)、B(T)和 d(m)可按下式计算 R_H(m^3/C)。

$$R_H = \frac{V_H d}{I_s B} \tag{7-6}$$

霍尔元件就是利用上述霍尔效应制成的电磁转换元件,对于成品的霍尔元件,其 R_H 和 d 已知,因此在实际应用中式(7-5)常以如下形式出现:

$$V_H = K_H I_s B \tag{7-7}$$

其中比例系数 $K_H = \frac{R_H}{d} = \frac{1}{ned}$ 称为霍尔元件灵敏度(其值由制造厂家给出),对一定的霍尔元件是一个常数,它的大小与材料的性质以及元件的尺寸有关,它表示霍尔元件在单位磁感强度和单位控制电流强度下的霍尔电压的大小。

(三)仪器设备的认知使用与实验任务

1. 参考"理论知识准备",回答什么是霍尔效应、霍尔电压、霍尔电场强度、霍尔系数、霍尔元件灵敏度?

2. 什么时候样品两侧电荷的累积达到平衡?用公式如何表达?

3. 根据"理论知识准备"里霍尔电压的公式,要计算出磁感应强度 B,需要在实验中测量哪些物理量?

4. 将测得的实验数据记录在表7-2中,并进行数据分析。

(1)霍尔灵敏度 $K_h = 19$ mV/mA·T   励磁电流 $I_m = 0.6$ A

表 7-1

I_s	10 mA	8 mA	6 mA	4 mA	2 mA
$+B$ $\qquad$ $+I_s$					
$+B$ $\qquad$ $+I_s$					
$+B$ $\qquad$ $+I_s$					
$+B$ $\qquad$ $+I_s$					
V_H的平均值					

（2）以 V_H 为纵坐标，以 I_s 为横坐标，作 V_H-I_s 关系曲线。

（3）求出 V_H-I_s 关系曲线的斜率，并根据给定的值计算出电磁铁气隙中的磁感应强度的大小。

5. 为什么一般霍尔元件都不用金属导体而是用半导体制成？

6. 为什么霍尔元件一般都很薄？

7. 如何根据霍尔系数的符号判断导电类型？

8. 调节电位螺旋时，应该使霍尔片定位于哪里？

9. 进行实验时，如何避免线圈过热？

12. 进行实验时，如何保持电流值不变？

13. 用电位差计测量电压时，若电位差无法调平衡，该怎么做？

14. 实验中产生霍尔效应的同时，还会产生哪些副效应？ 如何消除这些副效应？

15. 实验时如何避免电流过大？

16. 实验中还有哪些注意事项？

7.6 汇报

1. 通过小组讨论学习和搜查资料，共同完成任务后，填写工作页内容，并且公开任务成果，同时，其他组的同学也可提出问题，让设计者解释实验所用的相关技术及特点，然后各小组互相进行评价和评分。

2. 教师对评价和评分作出标准，最后收集评价表格，并相应作出点评和总结。

3. 教学反思（教学内容、教学目标、教学方式、教学效果）。

大学物理实验指导

工作计划表

利用霍尔效应测定磁场的磁感应强度					
一、基本信息					
学习小组		学生姓名		学生学号	
学习时间		指导教师		学习地点	
二、工作任务					
三、制定工作计划(包括人员分工、操作步骤、工具选用、完成时间等内容)					
四、注意事项					
五、工作过程记录					
六、任务小结					

任务评价表

班级		小组			
任务	目标	评价标准		配分	得分
利用霍尔效应测定磁场	问题1	了解霍尔效应实验仪的应用方向,回答信息不齐全,扣1分		4	
	问题2	考查霍尔效应实验仪的使用的注意事项,回答信息错漏,扣2分		4	
	问题3	熟悉霍尔效应的原理,描述信息错误,扣3分		4	
	问题4	考查霍尔电场强度的概念,回答错漏一处,扣1分		4	
	问题5	考查霍尔系数的概念,回答错漏一处,扣1分		4	
	问题6	考查霍尔元件灵敏度的概念,回答错漏一处,扣1分		4	
	问题7	考查实验的注意事项,回答信息错误,扣2分		4	
	问题8	考查霍尔系数的应用,回答不够全面,扣2分		4	
	问题9	考查解释 $V_H - I_s$ 图线斜率的物理意义,回答信息错误,扣3分		4	
	问题10	考查实验产生的副效应,描述信息错漏,扣3分		4	
	问题11	考查实验的操作过程,回答错漏一空,扣2分;操作不规范,扣3分;不按顺序操作,扣2分;错漏操作步骤,扣2分		15	
	问题12	考查整理实验数据的能力,记录数据错误一处,扣2分;分析数据错误,扣3分;记录数据不完整,扣2分		15	
	问题13	考查学生对实验的熟悉程度,回答信息错误,扣2分		5	
	问题14	考查创新能力和对实验的理解程度,回答不够全面,扣2分		5	
	问题15	任务小测,回答错漏一处,扣2分		5	
	按时完成任务	按时完成老师的任务,不能在规定时间内完成,扣3分		5	
	方法、社会能力	能主动发现问题并解决问题;能与同学、教师进行有效交流;操作规范,实验态度严谨,表达能力强,有创新		5	
	工作参与性	小组分工明确,完成分配的任务;出勤率正常;乐于帮助他人;工作态度积极,服从工作安排		5	
总评					

评定人：

日期：

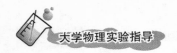

学习情境八：光学仪器综合使用

8.1　学习情境

教师讲解光学防震平台上各光学仪器的基本组成和使用方法，下达实验任务：利用光学仪器来完成自准法、位移法测薄凸透镜焦距 f 的测量实验、杨氏双缝干涉实验、偏振光实验，并探究光学仪器的其他应用。

8.2　所需课时

6 学时。

8.3　学习目标

1. 了解并掌握各光学仪器的基本知识和使用方法；

2. 了解使用各光学仪器的注意事项；

3. 掌握简单光路的搭建、分析和调试方法；

4. 掌握自准法、位移法测凸透镜焦距的原理和方法；

5. 掌握杨氏双缝干涉的原理；

6. 掌握偏振光的概念、原理和检测方法；

7. 能够利用各光学元器件自行搭建光路，测量凸透镜焦距，验证杨氏双缝干涉现象，以及检验偏振光特性；

8. 合理设计实验数据记录表格，并且能够正确分析、处理实验数据；

9. 设计合理的实验方法，并自行计划、实施和监控。

8.4　实验器材

WSZ-1 型系列光学平台、带有毛玻璃的白炽灯光源 S、SZ-14 品字形物像屏 P、凸透镜 L、SZ-07 二维调整架、平面反射镜 M、SZ-07 二维调整架、1/10 mm 分划板 F、被测目镜 L_e、SZ-05 可变口径二维架、测微目镜 L、SZ-38 读数显微镜架、SZ-01 三维底座、SZ-02 二维底座、SZ-03 一维底座、SZ-04 通用底座、钠光灯、SZ-22 单面可调狭缝、双缝、SZ-12 干板架、He-Ne 激光器（632.8 nm）、偏振片、可变口径二维架、X 轴旋转二维架、1/4、1/2 波片各一片。

8.5 引导文工作页

（一）布置任务

每 4 个学生为一个小组。学生以小组为单位，利用各光学仪器以及其他辅助设备，结合所学的理论知识，设计合理的实验方案，完成以下四个子任务：用自准法测薄凸透镜焦距、用位移法测薄凸透镜焦距、杨氏双缝干涉实验、偏振光分析实验。

（二）理论知识准备

1. 自准法实验原理

当发光点（物）处在凸透镜的焦平面时，它发出的光线通过透镜后将成为一束平行光。若用与主光轴垂直的平面镜将此平行光反射回去，反射光再次通过透镜后仍会聚于透镜的焦平面上，其会聚点将在发光点相对于光轴的对称位置上。原理图如图 8-1 所示。

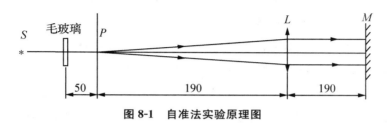

图 8-1 自准法实验原理图

2. 位移法实验原理

对凸透镜而言，当物和像屏间的距离 L 大于 4 倍焦距时，在它们之间移动透镜，则在屏上会出现两次清晰的像，一个为放大的像，一个为缩小的像。分别记下两次成像时透镜距物的距离 O_1、O_2（$e=|O_1-O_2|$），距屏的距离 O_1'、O_2'。根据光线的可逆性原理，这两个位置是"对称"的。即

$$O_1=O_2', O_2=O_1'$$

则：
$$L-e=O_1+O_2'=2O_1=2O_2'$$
$$O_1=O_2'=(L-e)/2$$

而 $O_1'=L-O_1=L-(L-e)/2=(L+e)/2$ 把结果带入透镜的牛顿公式 $1/s+1/s'=1/f$ 得到透镜的焦距为：$f=(L^2-e^2)/4L$

由此便可算得透镜的焦距。这个方法的优点是，把焦距的测量归结为对于可以精确测定的量 L 和 e 的测量，避免了在测量 u 和 v 时，由于估计透镜中心位置不准确所带来的误差。原理图如图 8-2 所示。

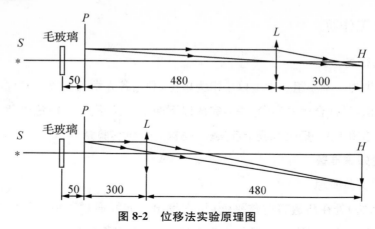

图 8-2　位移法实验原理图

3. 杨氏双缝干涉实验原理

杨氏实验的装置如图 8-3 所示,在普通单色光源(如钠光灯)前面放一个开有小孔 S 的,作为单色点光源。在 S 照明的范围内的前方,再放一个开有两个小孔的 S_1 和 S_2 的屏。S_1 和 S_2 彼此相距很近,且到 S 等距。根据惠更斯原理,S_1 和 S_2 将作为两个次波向前发射次波(球面波),形成交迭的波场。这两个相干的光波在距离屏为 D 的接收屏上叠加,形成干涉图样。为了提高干涉条纹的亮度,实际中 S,S_1 和 S_2 用三个互相平行的狭缝(杨氏双缝干涉),而且可以不用接收屏,而代之目镜直接观测,这样还可以测量数据用以计算。在激光出现以后,利用它的相干性和高亮度,人们可以用氦氖激光束直接照明双孔,在屏幕上同样可获得一套相当明显的干涉条纹。

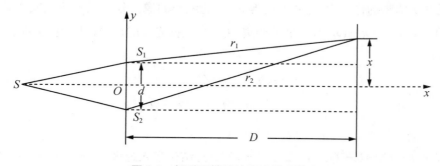

图 8-3　杨氏双缝干涉实验原理图

相邻两极大或两极小值之间的间距为干涉条纹间距,用 Δx 来表示,它反映了条纹的疏密程度。

相干条纹的间距为 $\Delta x = \dfrac{D}{d}\lambda$

变换可得:$\lambda = \dfrac{\Delta x d}{D}$

式中：d——两个狭缝中心的间距

λ——单色光波波长

D——双缝屏到观测屏(微测目镜焦平面)的距离。

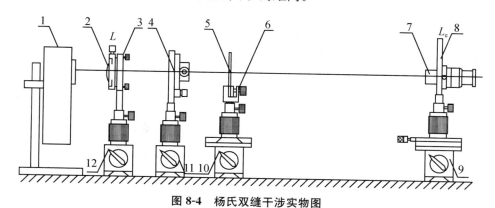

图 8-4　杨氏双缝干涉实物图

1. 纳光灯　2. 凸透镜　3. 二维调整架　4. 单面可调狭缝　5. 双缝　6. 干板架　7. 测微镜

8. 读数显微镜架　9. 三维底座　10. 二维底座　11. 一维底座　12. 一维底座

4. 偏振光原理

平行光垂直入射到波晶片后，分解为 e 分量和 o 分量，透过晶片，二者间产生一附加位相差 σ。离开晶片时合成光波的偏振性质，决定于 σ 及入射光的性质。

（1）偏振态不变的情形

①自然光通过波晶片，仍为自然光。因为自然光的两个正交分量之间的位相差是无规则的，通过波晶片，引入一恒定的位相差 σ，其结果还是无规则的。

② 若入射光为线偏振光，其电矢量 E 平行 e 轴(或 o 轴)，则任何波长片对它都不起作用，出射光仍为原来的线偏振光。因为这时只有一个分量，谈不上振动的合成与偏振态的改变。

除上述两种情形外，偏振光通过波晶片，一般其偏振情况是要改变的。

（2）$\lambda/2$ 片与偏振光

①若入射光为线偏振光，在 $\lambda/2$ 片的前面(入射处)上分解为

$$E_e = A_e \cos \omega t$$

$$E_o = A_o \cos(\omega t + \varepsilon) \quad \varepsilon = 0 \text{ 或 } \pi$$

出射光表示为

$$E_e = A_e \cos\left(\omega t - \frac{2\pi}{\lambda} n_e l\right)$$

$$E_o = A_o \cos\left(\omega t + \varepsilon - \frac{2\pi}{\lambda} n_o l\right)$$

63

大学物理实验指导

讨论两波的相对位相差，上式可写为

$$E_e = A_e \cos\omega t$$

$$E_o = A_o \cos\left(\omega t + \varepsilon - \frac{2\pi}{\lambda}n_o l + \frac{2\pi}{\lambda}n_e l\right)$$

$$= A_o \cos(\omega t + \varepsilon - \sigma), \sigma = \pi$$

出射光的两个正交分量的相对位相差由此决定。现在

$\varepsilon - \sigma = 0 - \pi = -\pi$ 和 $\varepsilon - \sigma = \pi - \pi = 0$

这说明出射光也是线偏振光，但振动方向与入射光的不同。如入射光与晶片光轴成 θ 角，则出射光与光轴成 $-\theta$ 角。即线偏振光经 $\lambda/2$ 片电矢量振动方向转过了 2θ 角。

②若入射光为椭圆偏振光，作类似的分析可知，半波片既改变椭圆偏振光长（短）轴的取向，也改变椭圆偏振光（圆偏振光）的旋转方向。

（3）$\lambda/4$ 片与偏振光

①入射光为线偏振光

$$E_e = A_e \cos\omega t$$

$$E_o = A_o \cos(\omega t + \varepsilon) \quad \varepsilon = 0 \text{ 或 } \pi$$

则出射光为

$$E_e = A_e \cos\omega t$$

$$E_o = A_o \cos(\omega t + \varepsilon - \sigma), \sigma = \pm\frac{\pi}{2}$$

则出射光为

$$E_e = A_e \cos\omega t$$

$$E_o = A_o \cos(\omega t + \varepsilon - \sigma), \sigma = \pm\frac{\pi}{2}$$

此式代表一正椭圆偏振光。$\varepsilon - \sigma = +\frac{\pi}{2}$ 对应于右旋，$\varepsilon - \sigma = -\frac{\pi}{2}$ 对应于左旋。当 $A_e = A_o$ 时，出射光为圆偏振光。

②入射光为圆偏振光

$$E_e = A_e \cos\omega t$$

$$E_o = A_o \cos(\omega t + \varepsilon), \varepsilon = \pm\frac{\pi}{2}$$

此式代表线偏振光。$\varepsilon - \sigma = 0$ 出射光电矢量 $\overline{E}_出$ 沿一、三象限；$\varepsilon - \sigma = \pi$，$\overline{E}_出$ 沿二、四象限。

③入射光为椭圆偏振光

$$E_e = A_e \cos\omega t$$

$$E_o = A_o \cos(\omega t + \varepsilon), \varepsilon \text{ 在 } -\pi \text{ 到 } +\pi \text{ 任意取某值}$$

出射光为

$$E_e = A_e \cos\omega t$$

$$E_o = A_o \cos(\omega t + \varepsilon - \sigma), \sigma = \pm\frac{\pi}{2}$$

可见出射光一般为椭圆偏振光。

（三）仪器设备的认知与使用

1. WSZ-1 型系列光学平台是一种什么装置，可应用在哪些实验和行业？

2. 图 8-5 是 WSZ-1 型系列光学平台及基本附件图，说说平台上都有哪些仪器？这些仪器有什么作用？

图 8-5　WSZ-1 型系列光学平台及基本附件图

3. 造成光学仪器损坏的原因有哪些？

4. 使用光学元件时，可否直接用手接触光学表面？为什么？

5. 如果光学表面上有污痕或者指印时，该怎么办？

6. 为什么光学仪器用完之后要放回箱内或者加罩？

7. 什么叫做"视差"？

8. 光学实验中如何消除视差？

9. 为什么光学实验中要尽量做到各个仪器共轴？

10. 试说说如何进行共轴调节。

（四）子任务一：用自准法测薄凸透镜焦距

1. 用自准法测薄凸透镜焦距需要用到光学平台配套的哪些光学元器件？

2. 结合图 8-6，说说光的可逆性原理。

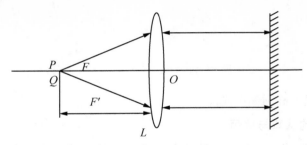

图 8-6　光的可逆性原理图

3. 实验时如何获得平行光源？

4. 结合图 8-7，说说什么是自准法。

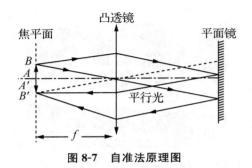

图 8-7　自准法原理图

5. 结合图 8-8，说说如何使下列各仪器共轴？

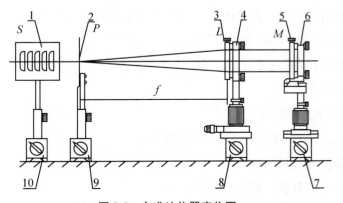

图 8-8　自准法仪器实物图

1. 带有毛玻璃的白炽灯光源 S　2. 品字形物像屏 P：SZ-14　3. 凸透镜 L：$f=190\,\text{mm}(f=150\,\text{mm})$

4. 二维调整架：SZ-07　5. 平面反射镜　6. 二维调整架：SZ-07　7. 通用底座：SZ-04

8. 二维底座：SZ-02　9. 通用底座：SZ-04　10. 通用底座：SZ-04

6. 如何在物像屏 P 上成一清晰的品字图像，且物与像刚好等大重合？

7. 实验中要记录的数据有哪些？

8. 为什么要把透镜转过 180°再测量？

9. 透镜转过 180°之后，所测焦距是否一样，为什么？

10. 各小组分别测量两种规格的薄凸透镜焦距，自制表格记录相关数据，并对数据进行分析、处理。

11. 进行该实验时还有哪些注意事项？

（五）子任务二：用位移法测薄凸透镜焦距

1. 用位移法测薄凸透镜焦距需要用到以上哪些光学元器件？

2. 用位移法测薄凸透镜焦距的原理是什么？

3. 用位移法测薄凸透镜焦距的公式是什么？

4. 用位移法测薄凸透镜焦距的优点是什么？

5. 结合图 8-9，说说用位移法和用自准法测薄凸透镜焦距的异同。

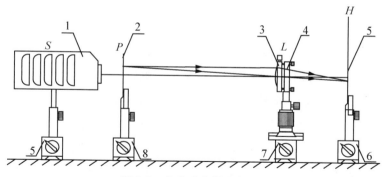

图 8-9　位移法仪器实物图

1. 带有毛玻璃的白炽灯光源 S　2. 品字形物像屏 P：SZ-14　3. 凸透镜 L：$f＝190\,mm$（$f＝150\,mm$）

4. 二维调整架：SZ-07　5. 白屏 H：SZ-13　6. 通用底座：SZ-04　7. 二维底座：SZ-02

8. 通用底座：SZ-04　9. 通用底座：SZ-04

6. 如何在物像屏 H 上成一清晰的放大像？

7. 如何在物像屏 H 上成一清晰的缩小像？

8. 各小组分别测量两种规格的薄凸透镜焦距，自制表格记录相关数据，并对数据进行分析、处理。

9. 为什么要把 L、P、H 转过 180°再测量？

10. 进行该实验还有哪些注意事项？

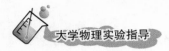

（六）子任务三：杨氏双缝干涉

1. 此任务需要用到哪些光学元器件？请各小组画出杨氏双缝干涉的光路图。

2. 如何使单缝和双缝平行？

3. 如何使干涉条纹最清晰？

4. 请写出通过双缝间距求波长的公式。

5. 各小组自制表格记录相关数据，并对数据进行分析、处理。

6. 如果是白光入射单缝，将会看到怎样的条纹？

（七）子任务四：偏振光分析

1. 什么是偏振光？

2. 说说偏振片的起偏原理。

3. 如何检测偏振光？请各小组设计检测偏振光的光路，并画出光路图。

4. 检偏器旋转 360°的过程中，我们能看到几次消光现象和几次光强最大现象？

5. 考查平面偏振光通过 $\lambda/2$ 波长片时的现象：

（1）在两块偏振片之间插入 $\lambda/2$ 波长片，把 X 轴旋转二维架转动 360°，能看到几次消光现象？解释此现象。

（2）将 $\lambda/2$ 波长片转任意角度，这时消光现象被破坏。把检偏器转动 360°，观察到什么现象？由此说明通过 $\lambda/2$ 波长片后，光变为怎样的偏振状态？

（3）仍使起偏器和检偏器处于正交（即处于消光现象时），插入 $\lambda/2$ 波长片，使消光，再将其转 15°，破坏其消光。转动检偏器至消光位置，并记录检偏器所转动的角度。

（4）继续将 $\lambda/2$ 波长片转 15°（即总转动角为 30°），记录检偏器达到消光所转总角度。依次使 $\lambda/2$ 波长片总转角为 45°，60°，75°，90°，记录检偏器消光时所转总角度。

表 8-1

半波片转动角度	检偏器转动角度
15°	
30°	
45°	
60°	
75°	
90°	

从上面实验结果可以得出什么规律？

6. 用波长片产生圆偏振光和椭圆偏振光

（1）使与起偏器和检偏器正交，用 $\lambda/4$ 波长片代替 $\lambda/2$ 波长片，转动 $\lambda/4$ 波片使消光。

（2）再将 $\lambda/4$ 波片转动 15°，然后将检偏器转动 360°，观察到什么现象？你认为这时从 $\lambda/4$ 波片出来光的偏振状态是怎样的？

（3）依次将转动总角度为 30°，45°，60°，75°，90°，每次将检偏器转动，记录所观察到的现象。

8.6 汇报

1. 通过小组讨论学习和搜查资料，共同完成任务后，填写工作页内容，并且公开任务成果，同时，其他组的同学也可提出问题，让设计者解释实验所用的相关技术及特点，然后各小组互相进行评价和评分。

2. 教师对评价和评分作出标准，最后收集评价表格，并相应作出点评和总结。

3. 教学反思（教学内容、教学目标、教学方式、教学效果）。

工作计划表

光学仪器的综合使用					
一、基本信息					
学习小组		学生姓名		学生学号	
学习时间		指导教师		学习地点	
二、工作任务					
三、制定工作计划(包括人员分工、操作步骤、工具选用、完成时间等内容)					
四、注意事项					
五、工作过程记录					
六、任务小结					

任务评价表

班级			小组			
任务	目标	评价标准			配分	得分
光学仪器综合使用	问题1	了解 WSZ-1 型系列光学平台的应用方向,回答错漏,扣1分			1	
	问题2	熟悉各光学仪器的部件及组装,描述信息错漏,扣3分			3	
	问题3	熟悉各光学仪器的使用的注意事项,描述信息错误,扣3分			3	
	问题4	考查简单光路的分析和调整方法,回答错漏一处,扣1分			3	
	问题5	考查自准法测凸透镜焦距的原理,回答错漏,扣2分			3	
	问题6	考查自准法测凸透镜焦距的方法,描述信息错误,扣3分			3	
	问题7	考查位移法测凸透镜焦距的原理,描述信息错漏,扣3分			3	
	问题8	考查位移法测凸透镜焦距的方法,回答错漏一处,扣2分			3	
	问题9	考查杨氏双缝干涉原理,描述信息错误,扣3分			3	
	问题10	考查偏振光的概念、原理,描述信息错误,扣3分			5	
	问题11	考查偏振光的检测方法,描述信息错误,扣3分			5	
	问题12	考查自准法和位移法的应用,描述信息错误,扣3分			5	
	问题13	考查实验的操作过程,操作不规范,不按顺序操作,错漏操作步骤,每处扣2分			15	
	问题14	考查整理实验数据的能力,记录数据错误,记录数据不完整,分析数据错误,每处扣2分。			15	
	问题15	考查学生对实验的熟悉程度,回答信息错误,扣2分			5	
	问题16	考查创新能力和对实验的理解程度,回答不够全面,扣2分			5	
	问题17	任务小测,回答错漏一处,扣2分			5	
	按时完成任务	按时完成老师的任务,不能在规定时间内完成,扣3分			5	
	方法、社会能力	能主动发现问题并解决问题;能与同学、教师进行有效交流;操作规范,实验态度严谨,表达能力强,有创新			5	
	工作参与性	小组分工明确,完成分配的任务;出勤率正常;乐于帮助他人;工作态度积极,服从工作安排			5	
总评						

评定人:

日期:

学习情境九：夫兰克-赫兹实验

9.1 学习情境

教师简单讲解智能夫兰克-赫兹实验仪的使用方法和接线方法,引导学生在阅读使用说明书的基础上学会使用仪器,让学生利用夫兰克-赫兹实验仪测定氩原子等元素的第一激发电位(即中肯电位),证明原子能级的存在。

9.2 所需课时

2学时。

9.3 学习目标

1. 了解并掌握夫兰克-赫兹实验仪的基本知识和使用方法;
2. 了解使用夫兰克-赫兹实验仪的注意事项;
3. 理解玻尔的原子能级理论;
4. 掌握原子能级跃迁的能量关系式;
5. 理解夫兰克-赫兹实验仪测量氩原子第一激发电位的基本原理;
6. 掌握夫兰克-赫兹实验仪电压值的波峰、波谷的测量方法;
7. 合理设计实验数据记录表格,并且能够用逐差法正确分析、处理实验数据。

9.4 实验器材

夫兰克-赫兹实验仪、示波器。

9.5 引导文工作页

(一)布置任务

将全班分为每2个学生一个小组。学生通过阅读老师提供的辅助资料,利用夫兰克-赫兹实验仪与示波器,结合所学的理论知识,测定氩原子等元素的第一激发电位(即中肯电位),证明原子能级的存在。

（二）理论知识准备

原子从一个定态跃迁到另一个定态而发射或吸收辐射时，辐射频率是一定的。如果用 E_m 和 E_n 分别代表有关两定态的能量的话，辐射的频率 ν 决定于如下关系：

$$h\nu = E_m - E_n \tag{9-1}$$

式中，普朗克常数

$$h = 6.63 \times 10^{-34} \text{J} \cdot \text{s}$$

设初速度为零的电子在电位差为 U_0 的加速电场作用下，获得能量 eU_0。当具有这种能量的电子与稀薄气体的原子（比如十几个毛的氩原子）发生碰撞时，就会发生能量交换。如以 E_1 代表氩原子的基态能量、E_2 代表氩原子的第一激发态能量，那么当氩原子吸收从电子传递来的能量恰好为

$$eU_0 = E_2 - E_1 \tag{9-2}$$

时，氩原子就会从基态跃迁到第一激发态。

（三）仪器设备的认知与使用

1. 如图 9-1 是夫兰克-赫兹实验仪结构及基本附件图，参照仪器实物，说说其主要组成部分。

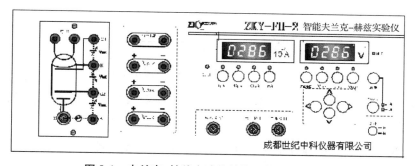

图 9-1　夫兰克-赫兹实验仪结构及基本附件图

2. 说说如何使用夫兰克-赫兹实验仪。

3. 在玻尔的原子能级理论中，原子在稳定状态时是否发射能量？

4. 在玻尔的原子能级理论中，原子从基态跃迁到一个激发态时，辐射频率是否一定？请写出玻尔原子能级理论关系式。

5. 写出在电势差为 U_0 的加速电场中，氩原子从基态跃迁到第一激发态所需要吸收的能量。

6. 实验中应该控制哪些变量？

7. 观察下列夫兰克-赫兹管结构图和夫兰克-赫兹管管内空间电位分布图,试说说夫兰克-赫兹管的实验原理。

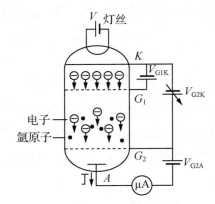

图 9-2　夫兰克-赫兹管结构图

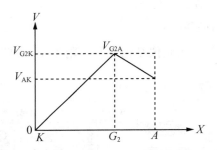

图 9-3　夫兰克-赫兹管管内空间电位分布图

8. 根据夫兰克-赫兹管管内空间电位分布图,试说明当电子通过 KG_2 空间进入 G_2A 空间时会产生的现象。

9. 当 G_2K 之间的电压逐渐增大并观察电流计的电流指示能获得如图 9-4 所示 I-U 曲线时,能否说明原子能级的存在?

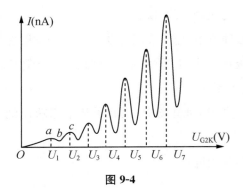

图 9-4

10. 结合原子能级原理和夫兰克-赫兹管的 I-U 曲线,试说明图中 abc 段的能量变换特点。

11. 实验准备阶段中，为何要将夫兰克-赫兹实验仪预热 20—30 分钟？

12. 手动进行氩元素的第一激发电位测量时，如何进行电压值调节？

13. 为确保实验数据的唯一性，要将 G_2K 的电压从小到大调节还是从大到小调节？ 是否可以反复？

14. 记录完一组数据后，为何要立刻将电压快速归零？

15. 运用智能夫兰克-赫兹实验仪进行自动测试时，如何进行状态设置？

16. 进行自动测试过程中，如何避免面板按键误操作？

17. 测试时，随着栅极电压的增加，微安表会逐渐达到满偏，此时应该如何做？

18. 测试时，如果栅、阴极之间出现蓝白色辉光，此时该如何做？

19. 为什么预热时先不要接线？

20. 将测得的夫兰克-赫兹曲线中的各个波峰和波谷值记录在表 9-1 中，并在坐标纸上描绘各组 $I-U$ 数据对应曲线。

表 9-1

V_f		第一		第二		第三		第四		第五		第六	
		峰	谷	峰	谷	峰	谷	峰	谷	峰	谷	峰	谷
	I(uA)												
	U(V)												
	I'(uA)												
	U'(V)												

21. 用逐差法计算每两个相邻峰或者谷所对应的 V_{G2K} 之差，并求出其平均值。将实验值与氩的第一激发电位 U_0 比较，计算相对误差，并写出结果表达式。

22. 实验过程中还有哪些注意事项？

9.6 汇报

1. 通过小组讨论学习和搜查资料，共同完成任务后，填写工作页内容，并且公开任务成果，同时，其他组的同学也可提出问题，让设计者解释实验所用的相关技术及特点，然后各小组互相进行评价和评分。

2. 教师对评价和评分作出标准，最后收集评价表格，并相应作出点评和总结。

3. 教学反思（教学内容、教学目标、教学方式、教学效果）。

工作计划表

夫兰克-赫兹实验					
一、基本信息					
学习小组		学生姓名		学生学号	
学习时间		指导教师		学习地点	
二、工作任务					
三、制定工作计划（包括人员分工、操作步骤、工具选用、完成时间等内容）					
四、注意事项					
五、工作过程记录					
六、任务小结					

任务评价表

班级		小组			
任务	目标	评价标准		配分	得分
夫兰克-赫兹实验	问题1	了解夫兰克-赫兹实验仪的应用方向,回答信息不齐全,扣1分		5	
	问题2	了解并掌握夫兰克-赫兹实验仪基本知识和使用方法,描述信息错漏,扣3分		5	
	问题3	熟悉玻尔的原子理论,描述信息错误,扣3分		5	
	问题4	考查是否会使用示波器,回答错漏一处,扣1分		5	
	问题5	考查使用夫兰克-赫兹实验仪的注意事项,回答信息错漏,扣2分		5	
	问题6	掌握玻尔原子理论关系式,回答信息错漏一处,扣2分		5	
	问题7	掌握夫兰克-赫兹的波峰波谷的测量,回答信息错误,扣2分		5	
	问题8	考查逐差法,回答不够全面,扣2分		5	
	问题9	考查实验的操作过程,回答信息错漏一处,扣2分;操作不规范,扣3分;不按顺序操作,扣2分;错漏操作步骤,扣2分		15	
	问题10	考查整理实验数据的能力,记录数据错误一处,扣2分;分析数据错误,扣3分;记录数据不完整,扣2分。		15	
	问题11	考查学生对实验的熟悉程度,回答信息错误,扣2分		5	
	问题12	考查创新能力和对实验的理解程度,回答不够全面,扣2分		5	
	问题13	任务小测,回答错漏一处,扣2分		5	
	按时完成任务	按时完成老师的任务,不能在规定时间内完成,扣3分		5	
	方法、社会能力	能主动发现问题并解决问题;能与同学、教师进行有效交流;操作规范,实验态度严谨,表达能力强,有创新		5	
	工作参与性	小组分工明确,完成分配的任务;出勤率正常;乐于帮助他人;工作态度积极,服从工作安排		5	
总评					

评定人:

日期:

学习情境十：光电效应普朗克常数的测定

10.1 学习情境

教师向学生分发 GH-3A 普朗克常数测定仪使用说明书、微电流计说明书，引导学生在阅读使用说明书的基础上学会使用仪器，让学生利用仪器自行完成光电效应普朗克常数测定的实验，并适当的做学生自己感兴趣的实验。

10.2 所需课时

2 学时。

10.3 学习目标

1. 了解并掌握 GH-3A 普朗克常数测定仪、微电流计、$X-Y$ 函数记录仪的基本知识和使用方法；
2. 了解使用 GH-3A 普朗克常数测定仪、微电流计、$X-Y$ 函数记录仪的注意事项；
3. 掌握光电效应原理以及爱因斯坦光电效应方程；
4. 掌握由光电效应求普朗克常数的方法；
5. 掌握手动测量光电管伏安特性的方法；
6. 掌握通过伏安特性图找出截止电压的方法；
7. 合理设计实验数据记录表格，并且能够准确记录、分析数据。

10.4 实验器材

GH-3A 普朗克常数测定仪、微电流计、$X-Y$ 函数记录仪、汞灯及电源、滤色片、光阑、光电管。

10.5 引导文工作页

（一）布置任务

将全班分为每 2 个学生一个小组。学生通过阅读老师提供的辅助资料等方式，利用 GH-3A 普朗克常数测定仪与其他辅助设备，结合所学的方法，测定普朗克系数，并探究

GH-3A普朗克常数测定仪的其他应用。

（二）理论知识准备

爱因斯坦认为从一点发出的光不是简单地按麦克斯韦电磁学说中指出的那样以连续分布的形式把能量传播到空间,而是以频率为 ν 的光以 $h\nu$ 为能量单位(光量子)的形式一份一份向外辐射。至于光电效应,是具有能量 $h\nu$ 的一个光子作用于金属中的一个自由电子,并把自己的全部能量都交给这个电子而造成的。如果电子脱离金属表面耗费的能量为 W_s 的话,则由光电效应打出来的电子的动能为 $E=h\nu-W_s$。

金属在光的照射下释放出电子的现象叫做光电效应。根据爱因斯坦的"光量子"概念,每一个光子具有的能量为 $E=h\nu$,当光照射到金属上时,其能量被电子吸收,一部分消耗于电子的逸出功 W_s,另一部分转换为电子逸出金属表面的动能。由能量守恒定律得

$$h\nu=\frac{1}{2}mv^2+W_s \tag{10-1}$$

此式称为爱因斯坦光电方程。式中 h 为普朗克常数,ν 为入射光的频率,m 为电子质量,v 为电子的最大速度,上式右边第一项为电子最大初动能。用光电方程圆满解释了光电效应的基本实验事实:

电子的初动能与入射光频率呈线性关系,与入射光的强度无关。任何金属都存在一截止频率 ν_0,$\nu_0=W_s/h$,ν_0 又称红限,当入射光的频率小于 ν_0 时,不论光的强度如何,都不产生光电效应。此外,光电流大小(即电子数目)只决定于光的强度。

（三）仪器设备的认知与使用

1. 说说 GH-3A 普朗克常数测定仪的主要组成部分。

2. 经过查阅资料,说说如何使用 GH-3A 普朗克常数测定仪?

3. 经过查阅资料,说说如何使用微电流计?

4. 根据"理论知识准备"里的爱因斯坦光电方程,解释各参数的物理意义。

5. 根据光电方程,电子的初动能与入射光的频率有什么关系? 与入射光的强度是否有关?

6. 什么是金属的截止频率?

7. 光电流的大小只取决于什么?

8. 根据如图 10-1 所示光电效应实验原理图,推断随着加在阴极 K 和阳极 A 之间的正相电压的增加,会产生什么现象?作出伏安特性曲线,并解释什么是饱和光电流,什么是截止电压?

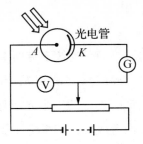

图 10-1　光电效应实验原理图

9. 如果我们采用"减速电位法"来决定电子的最大初动能,如何求出普朗克常数 h?

10. 预热的时候为什么要用遮光罩盖住光电管暗盒的光窗?

11. 在无光照时,光电管中产生暗电流的原因是什么?

12. 如何测量光电管的暗电流?

13. 阳极和阴极材料不同是否引起接触电位差?

14. 手动测量光电管的伏安特性时,光源与暗盒的位置应该如何摆放?

15. 在进行粗测的时候,为什么电压要从 $-3\,V$ 或 $-2\,V$ 调起,缓慢增加?

16. 从粗测进入精测时,要进行什么操作?

17. 手动记录光电管的伏安特性时, $X-Y$ 函数记录仪是否需要预热?

18. $X-Y$ 函数记录仪如何作出 X、Y 轴基线?

19. 将精测所读出的不同频率的入射光照射下的光电流记录在表 10-1 中。

距离 $L=$＿＿＿＿cm　　　　光阑孔＝＿＿＿＿mm

表 10-1

365	$U(V)$							
	$I(\times 10^{-11}A)$							
405	$U(V)$							
	$I(\times 10^{-11}A)$							
436	$U(V)$							
	$I(\times 10^{-11}A)$							
546	$U(V)$							
	$I(\times 10^{-11}A)$							
577	$U(V)$							
	$I(\times 10^{-11}A)$							

20. 在方格纸上作出波长（频率）不同的伏安曲线,从曲线中认真找出电流变化"抬头点",确定截止电压,并记入表 10-2 中。

距离 $L=$_____cm　　　　光阑孔 $=$_____mm

表 10-2

波长	365	405	436	546	577	$h\times10^{-34}$ J·s	$\delta(\%)$
频率							
U_s(V)							

21. 为什么汞灯不能现关现开?

22. 实验完成后滤色片的放置有何讲究?

23. 实验过程中还有哪些注意事项?

10.6 汇报

1. 通过小组讨论学习和搜查资料,共同完成任务后,填写工作页内容,并且公开任务成果,同时,其他组的同学也可提出问题,让设计者解释实验所用的相关技术及特点,然后各小组互相进行评价和评分。

2. 教师对评价和评分作出标准,最后收集评价表格,并相应作出点评和总结。

3. 教学反思(教学内容、教学目标、教学方式、教学效果)。

工作计划表

光电效应普朗克常数的测定					
一、基本信息					
学习小组		学生姓名		学生学号	
学习时间		指导教师		学习地点	
二、工作任务					
三、制定工作计划（包括人员分工、操作步骤、工具选用、完成时间等内容）					
四、注意事项					
五、工作过程记录					
六、任务小结					

任务评价表

班级		小组			
任务	目标	评价标准		配分	得分
光电效应普朗克常数的测定	问题1	了解GH-3A普朗克常数测定仪的应用方向,回答信息不齐全,扣1分		5	
	问题2	熟悉$X-Y$函数记录仪的调节,描述信息错漏,扣3分		5	
	问题3	掌握光电效应原理,描述信息错误,扣3分		5	
	问题4	考查是否会使用微电流计,回答错漏一处,扣1分		5	
	问题5	考查使用GH-3A普朗克常数测定仪、微电流计、$X-Y$函数记录仪的注意事项,回答信息错漏,扣2分		5	
	问题6	考查爱因斯坦光电效应方程,回答信息错漏一处,扣2分		5	
	问题7	考查由光电效应求普朗克常数的方法,回答错误,扣2分		5	
	问题8	考查伏安特性曲线的物理意义,描述信息错误,扣3分		5	
	问题9	考查由光电效应求普朗克常数的方法,描述信息错漏,扣3分		5	
	问题10	考查实验的操作过程,回答错漏一处,扣2分;操作不规范,扣3分;不按顺序操作,扣2分;错漏操作步骤,扣2分		15	
	问题11	考查整理实验数据的能力,记录数据错误一处,扣2分;分析数据错误,扣3分;记录数据不完整,扣2分		10	
	问题12	考查学生对实验的熟悉程度,回答信息错误,扣2分		5	
	问题13	考查创新能力和对实验的理解程度,回答不够全面,扣2分		5	
	问题14	任务小测,回答错漏一处,扣2分		5	
	按时完成任务	按时完成老师的任务,不能在规定时间内完成,扣3分		5	
	方法、社会能力	能主动发现问题并解决问题;能与同学、教师进行有效交流;操作规范,实验态度严谨,表达能力强,有创新		5	
	工作参与性	小组分工明确,完成分配的任务;出勤率正常;乐于帮助他人;工作态度积极,服从工作安排		5	
总评					

评定人:

日期: